Kurt Simon · Technisches Englisch

ERFOLG IN BERUF UND ALLTAG

Kurt Simon

Technisches Englisch

Ein Leitfaden
für Ingenieure, Techniker
und Fachübersetzer
Mit Beispielen und Übungen
aus dem Maschinen- und Apparatebau

2. verbesserte Auflage

Springer-Verlag Berlin Heidelberg GmbH

CIP-Kurztitelaufnahme der Deutschen Bibliothek
Simon, Kurt:
Technisches Englisch: ein Leitfaden für Ingenieure, Techniker und Fachübersetzer; mit Beispielen und Übungen aus dem Maschinen- und Apparatebau / Kurt Simon. - 2., verb. Aufl. - Düsseldorf: VDI-Verl., 1990
(Erfolg in Beruf und Alltag)
ISBN 978-3-540-62134-8 ISBN 978-3-662-00873-7 (eBook)
DOI 10.1007/978-3-662-00873-7
NE: HST

Ursprünglich erschienen bei VDI-Verlag 1990

ISBN 978-3-540-62134-8

Vorwort

Lieber Leser, Sie haben sich für ein Buch entschieden, das sicherlich etwas aus dem Rahmen fällt. Es ist kein ausgesprochenes Lehrbuch, aber auch kein reines Sachbuch. Es war ursprünglich gedacht für Übersetzer in Industrie und Wirtschaft mit einem besonderen Teil für Techniker, Ingenieure und Wissenschaftler, die öfter fremdsprachige Fachliteratur lesen müssen oder wollen, ohne gleich als Übersetzer zu fungieren.

Bei einer vorbereitenden Besprechung wurde mir von berufener Seite der Gedanke nahegelegt, die Zielsetzung des Buches dahingehend zu wandeln, daß das ganze Buch für beide Zwecke abgefaßt wird: einmal für Techniker, Ingenieure und Wissenschaftler, die dann die speziell für Übersetzer gedachten Teile überspringen können (obwohl auch diese nicht uninteressant sind), und zum anderen für Übersetzer. Das Buch ist sowieso kein Lehrbuch für Übersetzer, sondern ein Leitfaden mit Hinweisen auf Dinge, die in dieser Form in keinem Lehrbuch zu finden sind. Es soll also in jedem Fall der Weiterbildung und Vertiefung vorhandenen Wissens dienen und ist somit für alle geeignet, die in der Technik mit Fremdsprachen zu tun haben.

Dem steht nicht entgegen, daß in dem Werk ausschließlich Beispiele und Übungen aus dem Maschinen- und Apparatebau — also aus der Praxis des Verfassers — gebracht werden. Denn das Grundanliegen dieser Arbeit läßt sich unter Verwendung des jeweils notwendigen Vokabulars auf praktisch jedes technische Fachgebiet mühelos anwenden. Den Spezialisten der verschiedenen technischen Disziplinen sind die wichtigsten englischen Fachausdrücke ohnehin geläufig.

Wie kam ich dazu, dieses Buch zu schreiben? Ich will es kurz erklären.

Nachdem ich bereits mehr als 25 Sachbücher übersetzt hatte, und zwar aus den unterschiedlichsten Fachgebieten, fragte mich jemand aus meinem Bekanntenkreis, warum ich nicht selbst ein Buch schriebe. Diese vielleicht nicht einmal ernst gemeinte Frage ließ mich doch nicht mehr los, und vor mehreren Jahren begann ich damit, Material zu sammeln. Unbewußt hatten meine Überlegungen sich schon lange in dieser Richtung bewegt. Denn in all den Jahren, die ich als Übersetzer arbeitete, stellte ich mir immer wieder die Frage, warum es für den sehr großen Kreis der in Wirtschaft und Verwaltung tätigen technischen Fachübersetzer, die als Ingenieure oder Techniker auf den verschiedensten Wegen zu ihrem Beruf gekommen sind, keine als Leitfaden aufgebauten Handreichungen für die Alltagspraxis gibt.

Bei der heute alle Grenzen überschreitenden Technik, Wirtschaft und Wissenschaft bleibt es nicht aus, daß man Fachzeitschriften anderer Länder lesen muß, sei es, um sich zu informieren, sei es, um im Ausland Aufträge auszuführen. Ingenieure und Wissenschaftler haben häufig zumindest Schulkenntnisse in Englisch und Französisch. Es fehlt ihnen nur meistens die Zeit, weiterbildende Sprachkurse zu besuchen, obwohl wir in der glücklichen Lage sind, hervorragende Hilfen in Form der Volkshochschulen und privaten Sprachenschulen in Anspruch nehmen zu können.

Nun ist es zwar in Wissenschaft und Technik insofern leichter, Texte zu lesen, als Fachausdrücke meistens international gebraucht werden. Doch was dazwischen steht, macht Schwierigkeiten, und hier möchte dieses Buch helfen.

Ganz sicher taucht jetzt bei dem Leser die berechtigte Frage nach dem fachlichen Hintergrund des Verfassers auf. Als Antwort darauf gebe ich einen kurzen Abriß meiner Ausbildung: Neun Jahre Sprachen in der Schule und später drei Jahre Kriegsgefangenschaft in Übersee gaben mir die Grundlagen, hauptsächlich für Englisch. Außerdem beschäftigte ich mich in diesen drei Jahren mit Französisch, Italienisch und Russisch. Ein Jahr nach Kriegsende kehrte ich nach Deutschland zurück, begann als 27 jähriger eine Goldschmiedelehre und schloß mit der Gesellenprüfung ab. Jetzt besaß ich neben Sprachkenntnissen auch Kenntnisse in Metallurgie, Mineralogie und Werkzeughandhabung.

Danach kamen acht Jahre als Dolmetscher und Übersetzer in einer Dokumentationszentrale mit einjähriger theoretischer Ausbildung auf den Gebieten Maschinen- und Fahrzeugbau, Flugzeug- und Schiffbau, Hoch- und Tiefbau, Bergbau und Hüttenwesen sowie Anlagenbau für die chemische Industrie, all das in Englisch. Anschließend war ich Lehrer für Handelskorrespondenz und Übersetzung an einer international bekannten Fremdsprachenschule; später Lektor für technische und wissenschaftliche Abhandlungen und Berichte, und zwar wieder in einem Dokumentationszentrum; mehrere Jahre Übersetzer im öffentlichen Dienst und schließlich in der Luftfahrtindustrie. Sie sehen, der Autor dieses Buches ist Autodidakt reinsten Wassers.

Die soeben aufgezählten Tätigkeiten erstrecken sich über mehr als vierzig Jahre, in denen ich immer mit Sprachen zu tun hatte. Die immerwährende Bereitschaft zu lernen hat mich in die Lage versetzt, anderen Ratschläge erteilen zu können, von denen ich mir erhoffe, sie mögen dem Leser Nutzen bringen.

Darmstadt, im März 1989 *Kurt Simon*

Inhalt

1. Theorie

1.1 Einführung

Lieber Leser, lassen sie mich gleich am Anfang dieses Buches mit aller Deutlichkeit feststellen: Es ist ganz entschieden nicht meine Absicht, eine wissenschaftliche Behandlung des Themas „Übersetzen“ zu versuchen. Dafür gibt es weitaus berufenere Leute, die das bereits getan haben oder noch tun werden. Außerdem würde es der Absicht des Buches zuwiderlaufen. Wenn sie in einem Literaturverzeichnis bei einem Buchhändler nachschauen, finden sie eine erstaunlich lange Auflistung von Büchern, die sich mit dem Thema Übersetzen befassen. Die Autoren bewegen sich jedoch meistens auf einem Niveau, das für den Alltag zu hoch ist. Damit will ich nicht sagen, man verstünde sie nicht immer, sondern der Inhalt ist so stark verwissenschaftlicht, daß der praktische Nutzen, besonders für den Techniker in Industrie und Wirtschaft, gleich Null ist. Es ist doch so, daß er sich keine Gedanken machen muß (und auch keine Zeit dafür hat) über den Ursprung von Wörtern, über semantische Zusammenhänge usw., solange er weiß, wofür dieser oder jener Ausdruck an einer bestimmten Stelle gebraucht wird.

Leider ist in der heutigen Zeit eine starke Neigung zum allzu freien Umgang mit den Begriffen „Wissenschaft“ und „wissenschaftlich“ vorhanden, wovon auch unser Berufsstand nicht ganz freizusprechen ist. Sicherlich haben Abhandlungen, wie „Textanalyse und Verstehenstheorie“, „Linguistische Textmodelle“, „Analysephase beim Übersetzen“, „Äquivalenz in kontrastiver Linguistik...“, „Hermeneutische Aspekte der Textlinguistik...“, ihren unbestrittenen Wert, was ich allerdings von neuen Wortprägungen, wie „soziokommunikative Relevanz“, „Textrezipient“, „Kognitive Operation“, „Texttiefenstruktur“ und so weiter, nicht ohne Bedenken annehme. Die oben angeführten Titel sind für den einfachen Übersetzer, der sich in den rauhen Niederungen des täglichen Broterwerbs mit Hilfe seiner Sprachkenntnisse bewegt, wirklich ohne praktischen Wert. Seien wir ehrlich: Er versteht sie kaum.

Wenn wir diesen Faden weiterspinnen wollen: Die Beschäftigung mit dem Übersetzen auf dem genannten hohen Niveau ist schon aus rein zeitlichen Gründen gar nicht möglich. Ihre Arbeiten, lieber Leser, sind gewöhnlich der letzte Schritt in einer ganzen Reihe von Bearbeitungsvorgängen, und Sie stehen fast immer unter Zeitdruck. Wie sollten Sie da noch eine Textanalyse durchführen oder sich Gedanken machen über die Texttiefenstruktur, ehe Sie die kognitive Operation beginnen. Man könnte mich wegen dieser (bewußt) völlig unwissenschaftlichen Auffassung schelten, und viele werden es auch tun. Doch was nützt es — der Alltag ist nun mal so.

Der Autor will also kein Lehrbuch mit Übungsstücken und neuen Vokabeln anbieten, sondern die konzentrierte Erfahrung aus 35 Berufsjahren eines „alten Hasen" in Form eines — nennen wir es — Leitfadens für das Dickicht der täglichen anfallenden Übersetzungsarbeiten und die Lektüre von Fachzeitschriften. Wenn ich hier aber von alltäglichen Übersetzungen spreche, so ist das relativ gemeint. Wir lassen wohl den wissenschaftlichen Aspekt der Sprachmittlung außer acht, dürfen dabei jedoch nicht vergessen, daß wir die Arbeit der Sprachwissenschaftler täglich in den Händen halten: die Wörterbücher und Lexika. Ohne diese geht es nicht.

Sehen wir von literarischen Übersetzungen ab, so können wir das Übersetzen in Wirtschaft und Industrie getrost als ein Handwerk betrachten, allerdings als ein Kunsthandwerk. Wir können die Übersetzer grob in zwei Kategorien einteilen: die akademisch ausgebildeten Diplomübersetzer und die Übersetzer, die auf den unterschiedlichsten Wegen ihre Sprachkenntnisse erworben haben, meistens wohl auf dem sogenannten Zweiten Bildungsweg. An die zweite Kategorie wendet dieses Buch sich in erster Linie, womit aber nicht gesagt sein soll, die erste könnte keinen Nutzen daraus ziehen. Es ist eine belegbare Tatsache, daß ein Hochschuldiplom nicht unbedingt sofort einen guten Übersetzer ausweist. Die Ausbildung zu Übersetzern an den Hochschulen ist für den täglichen Gebrauch nicht das Nonplusultra. Es gab bereits Diskussionen über die Frage, ob ein Ingenieur oder Techniker auch ein Sprachenstudium absolvieren oder ein Sprachler ein technisches Studium anschließen sollte. Das könnte eine ideale Kombination ergeben, sprächen nicht zunächst einmal die dann erforderliche längere Studiendauer dagegen und noch eine weitere Tatsache: Technische Neigung und Sprachenbegabung sind keineswegs immer in einer Person vereint.

Für Nichtübersetzer ist die Lage etwas schwieriger, da sie in den meisten Fällen während ihrer Ausbildung nicht auf Sprachen fixiert waren. Es ist wohl meistens bei den Schulkenntnissen geblieben, bis sie schließlich merkten, daß für das Studium ausländischer Fachliteratur etwas mehr Kenntnisse doch wünschenswert wären. Bei naturwissenschaftlichen Texten sind die Schwierigkeiten noch nicht so gravierend. Ein ganz kurzes Beispiel:

Chromosomal Variation
Another whole class of chromosomal mutations exists which is quite different from crossing over, but which in some cases interacts with the crossover phenomenon. These mutations are all related to some form of noncrossover breakage of the chromosome and may occur in both haploid and diploid forms, and in sexually and asexually reproducing species.

Chromosomenvariation
Es existiert eine weitere ganze Klasse von Chromosommutationen, die sich vom Faktorenaustausch deutlich unterscheiden, aber doch in manchen Fällen mit dem Austauschphänomen in Wechselwirkung stehen. Diese Mutationen hängen alle mit einer Art Chromosomenbruch zusammen und können sowohl bei haploiden wie diploiden Formen und ebenso bei gechlechtlisch wie ungeschlechtlich sich fortpflanzenden Spezies vorkommen.

Dieser kurze Ausflug außerhalb der Technik soll genügen. Sie sehen, diesen Text kann ein Fachmann mit Kenntnissen in Englisch lesen und verstehen. Ich will jetzt natürlich nicht behaupten, das wäre bei technichen Texten nicht so, doch hier kommt ein großes Aber.

Wie ich schon erwähnte, ist das technische Englisch nicht immer schön, und es kommt Ihnen unter Umständen unverständlich vor. Dieser Eindruck ist keineswegs falsch, doch es ist nur ein Eindruck. Tatsächlich ist die Aussage — nicht die Ausdrucksweise! — meistens von einer Prägnanz, deren wir uns im Deutschen leider nicht immer rühmen können. Der Grund ist einfach: Die amerikanischen und englischen Techniker befleißigen sich einer shop language (Werkstattsprache), die nicht gleichzusetzen ist mit unseren Fachidiomen. Diese shop language wird oft bis zum Exzeß übertrieben, und das ist es, was Ihnen noch viel Kopfzerbrechen bereiten wird. Wenn Sie aber erst einmal dahinter gekommen sind, werden Sie mir recht geben: Besser geht es nicht. Betrachten wir ein Beispiel:

Batteries

1 The batteries fitted to the vehicle are of the 12-volt lead-acid type having a 110 ampere hour rating at the 10 hour rate. They are located

on the LH side of the vehicle immediately forward of the rear wing.

CAUTION: Disconnect both battery earth leads when carrying out electric arc welding on the vehicle. Failure to observe this precaution will result in serious damage.
Ensure that the earth strap is connected to the negative terminal.

The battery seldom requires any attention other than topping up with distilled water. In this aim it is recommended that the cells in the battery be examined each week by removing the 6 filler plugs in turn ensuring that the electrolyte is between 6 to 9 mm above the tops of the separators. Should the level be low, add distilled water.

WARNING: Never use a naked flame to check the electrolyte level since explosive hydraulic gas is always present.

CAUTION: Use only distilled or de-mineralized water to top up batteries and do not overfill.

NOTE: In freezing conditions distilled water should only be added immediately before starting and running the engine. This allows the charging to mix the water with the electrolyte preventing the battery from freezing and consequent damage to the plates and battery case.

After topping up wipe off any surplus liquid remaining on the battery and ensure that the filler plugs are tight and secure. Clean and slightly smear the terminals with petroleum jelly and ensure that they, too, are tight and secure.

The specific gravity is an indication of the state of charge of the battery and should be checked every 1000 hours with a hydrometer. The correct specific gravity of the electrolyte with a fully charged battery should be between 1,270 and 1,285 at 21 °C.

Erläuterung:

Der erste Satz (Zeile 1 ff.) ist bereits unwahrscheinlich umständlich. Hier ist es für den Fachmann einfach, wenn er sich auf die Zahlen konzentriert: das Fahrzeug ist mit 12-V-Batterien ausgestattet, 110 Ah für 10 h Betriebsdauer. Sie befinden sich auf der LH (Left Hand links) Seite des Fahrzeugs, unmittelbar forward of, d.h. vor dem hinteren Kotflügel.

Hinweis: Der Ausdruck CAUTION wird in der technischen Literatur immer als *ACHTUNG* gelesen. WARNING ist *VORSICHT* und NOTE ist *ANMERKUNG*.

Im Originaltext heißt es in Zeile 4 ff.: CAUTION: Disconnect both battery earth leads when carrying out arc welding *Masseleitungen der Batterie vor Durchführung von Elektroschweißarbeiten abtrennen*. Failure to observe this precaution heißt ganz einfach: *Andernfalls...*

Jetzt geht es weiter (Zeile 7): Ensure that the earth strap is...Lassen sie sich durch einen derartigen Fehler nicht irritieren. So etwas kommt gar nicht so selten vor! Oben (Zeile 4) ist die Rede von both battery earth leads und danach von earth strap_, also einmal Mehrzahl, dann Einzahl. Gemeint sind in beiden Fällen die *Massebänder* beider Batterien.

In Zeile 8 lesen Sie topping up... Das ist jetzt so ein typischer Fall von „shop language"; gemeint ist *Auffüllen*; wörtlich übersetzen kann man es gar nicht. Danach folgt ein Bandwurmsatz (Zeile 8ff.), den Sie vergessen können bis auf cells und examine each week, also *Batteriezellen jede Woche nachprüfen*. Dazu remove 6 filler plugs in turn... Hier stoßen wir wieder auf einen typischen Unsinn der shop language. Filler plug heißt eigentlich *Einfüllstopfen*, und das ergibt keinen Sinn, denn es sind ja keine Stopfen da, durch die man einfüllt, sondern gemeint sind die Stopfen in den Einfüllöffnungen. Weiter heißt es in Zeile 11: ...ensuring that...is., das ist eine beliebte Formulierung im Englischen, die wir im Deutschen mit: *der Elektrolyt muß...* ausdrücken. Zeile 12 sagt, was der Elektrolyt sein muß: ...above the tops of the separators. Hier haben wir nun die Antwort auf das topping up (Zeile 8): Der Elektrolyt muß zwischen 6 und 9 mm über den tops, den Oberkanten der Bleiplatten, stehen, und topping up bedeutet demnach *Auffüllen bis über die Oberkanten*.

Die naked flame in WARNING (Zeile 13) ist eine *offene Flamme*, die natürlich nicht gebraucht werden soll, um nachzusehen, wie hoch der Elektrolyt in den Batterien steht. Die CAUTION (Zeile 15) ist klar, aber jetzt kommt die NOTE (Zeile 17): Die freezing conditions sind Temperaturen unter 0 °C. Der Satz in Zeile 19 ist wieder etwas irritierend, weil eine substantivierte Tätigkeit, das charging *Einfüllen*, gebraucht wird, etwas zu tun, nämlich das Wasser und den Elektrolyten zu mischen (das *charging* ist hier *nicht* physikalisch gemeint). Der Schluß dieses Satzes (Zeile 20) ist auch nicht ganz lupenrein. Er müßte richtig lauten: ...preventing the battery from freezing, which would result in damage to...

Der nächste Satz ist wiederum klar. Was topping up heißt, wissen wir jetzt und ...after...wipe off.. macht auch keine Schwierigkeit. Die Klemmen werden gefettet, nachdem sie sauber gemacht sind, und dann kommt wieder das ensure that, und der Autor wirft auch hier zwei Dinge zusammen: terminals (Zeile 24) können einmal die *Batteriepole* sein, auf die das Einfetten sich bezieht, aber auch die *Kabel- und Massebandklemmschrauben*, die festgeschraubt werden und sicher sitzen müssen.

Die Dichte (Zeile 26) zeigt den Zustand der Batterieladung an und ist alle 1000 h zu messen. Bei einer vollgeladenen Batterie muß die Dichte zwischen 1,270 und 1,285 g/cm^3 bei 21 °C betragen.

Ich kann Ihnen einen Trost geben. Grammatikalisch sind englische Schriften nicht unbedingt immer richtig. Ein Ausländer, der systematisch Englisch gelernt hat, ist häufig sicherer. Das gilt auch für die Rechtschreibung.

Eine weitere Tatsache hinsichtlich der englischen Fachzeitschriften trifft leider auch auf deutsche zu: Die Ausdrucksweise ist manchmal etwas geschraubt und unnötig kompliziert. Unterhält man sich mit einem Techniker oder Wissenschaftler, spricht er — abgesehen von den jeweiligen Fachbegriffen — völlig normal. Legt er jedoch seine Gedanken schriftlich nieder, kann man unter Umständen nicht glauben, daß es dieselbe Person sein soll. Daran müssen wir uns erinnern, sobald wir Fachliteratur lesen.

Alle die angesprochenen Probleme für Techniker, Wissenschaftler und Übersetzer will dieses Buch erläutern, und zwar nicht als trockenes Lehrbuch, sondern als Leitfaden, zu dem Sie — und das ist meine aufrichtige Hoffnung — gern mal in einer Mußestunde greifen.

1.2 Ausstattung für Übersetzer

Dieser Abschnitt ist zwar in erster Linie für die Übersetzer gedacht, doch interessant ist er sicher für alle, die mit Fremdsprachenliteratur zu tun haben.

Längst werden Sie, lieber Leser, bemerkt haben, daß ich nicht mit erhobenem Zeigefinger doziere, sondern mich mit Ihnen unterhalte. Wo immer möglich möchte ich das beibehalten, um den angebotenen Lesestoff nicht allzu trocken werden zu lassen.

Wie ich in der Einführung bereits gesagt habe, könnte man die Arbeit des „Gebrauchsübersetzers" als Handwerk betrachten. Der Ausdruck „Gebrauchsübersetzer" ist gewiß nicht schön; doch wenn Sie einen Augenblick dabei verweilen, verliert er seinen Beigeschmack. Was steckt in dem Wort? Sehen wir uns den Begriff „Gebrauchsgraphik" an. Darunter verstehen wir Graphik zum Gebrauch im Alltag, und der Gebrauchsgraphiker führt sie aus. Der Gebrauchsübersetzer führt demnach Übersetzungen für den Gebrauch im Alltag aus, und damit sind wir genau bei unserem Thema, denn wir haben es ja mit Übersetzungen zu tun, die täglich benötigt werden: Technische Vorschriften, Gebrauchsanweisungen, Handbücher, Werbeschriften, Prospekte, Beschriftungen technischer Zeichnungen und — nicht zu vergessen — Korrespondenz.

So wie die Qualität der Arbeit eines Handwerkers nicht zuletzt von der Güte seines Werkzeugs und Hilfsgeräts abhängt, ist auch der Übersetzer von seinem Werkzeug abhängig. Er kann vieles fertig kaufen, muß aber auch manches nach dem jeweiligen Bedarf selbst anfertigen. Darüber wollen wir uns in diesem Abschnitt unterhalten.

An einem Arbeitsplatz in einer größeren Übersetzungsabteilung ist die Frage des Werkzeugs nicht akut, weil sicher alles bereits vorhanden ist. Da jeder Leiter einer solchen Abteilung entweder seine eigenen Ideen verwirklicht oder das System eines Vorgängers weiter verfolgt, muß der Neuankömmling sich in jedem Fall in den vorhandenen Rahmen einfügen. Es ist natürlich nicht ausgeschlossen, daß er dieses oder jenes nicht in der hergebrachten Form handhaben möchte, sondern eigene Ideen hat; dabei ist jedoch immer zu bedenken, daß in jeder Firma sich ein System entsprechend den spezifisch vorherrschenden Gegebenheiten entwickelt, die ein Neuer noch nicht übersehen kann. Das bedeutet für ihn also, sich einzuordnen und aus der Erfahrung der bereits Anwesenden zu lernen.

Für einen Übersetzer in kleineren Firmen liegt der Fall völlig anders. Ihm gilt dieser Abschnitt in erster Linie, doch auch andere können damit überprüfen, ob ihr Arbeitsplatz vollständig eingerichtet ist.

Wir brauchen als Mindestausstattung folgende Bücher:

ein Wörterbuch (allgemein) Deutsch-Englisch,
ein Wörterbuch (allgemein) Englisch-Deutsch,
ein Lexikon Deutsch,
ein Lexikon Englisch,
zwei Fachwörterbücher wie oben, falls es sie gibt (je nach Branche).

Als große Hilfe erweisen sich Firmenkataloge für Werkzeuge, Bearbeitungsmaschinen, Zubehörteile, Werkstoffe, Vorrichtungen usw.: diese Unterlagen läßt man sich zweckmäßigerweise über die Einkaufsabteilung oder die AV (Arbeitsvorbereitung) der eigenen Firma von den Lieferanten besorgen.

Das ist aber noch nicht alles. Wir müssen uns bemühen. Fachzeitschriften aus der Branche in Deutsch und Englisch zu beschaffen, und diese müssen dann nach Fachterminologie durchgearbeitet werden. Hierbei ist aber zu beachten, daß nicht wahllos Spezialausdrücke herausgezogen werden. Eine Grundregel wollen wir uns gleich einprägen: Niemals das Gedächtnis mit Dingen belasten, die relativ selten vorkommen und die man im Bedarfsfall nachlesen kann. Allerdings müssen Sie immer wissen, wo was zu finden ist.

Die herausgesuchten Begriffe schreiben wir auf einen Zettel und beginnen damit den berühmten Zettelkasten, die Tischkartei. Als recht praktisch zum Sammeln von Begriffen erweisen sich die Telefonverzeichnisse aus Taschenkalendern. Sie sind bereits mit einem alphabetischen Index versehen und gestatten so eine grobe Vorsortierung. Wenn ein Begriff auf einen Zettel kommt, sollte er möglichst mit einer Definition versehen werden, d.h. einem Vermerk, wann er so und so gebraucht wird und warum er bei anderer Gelegenheit in abgewandelter Form oder in einem anderen Sinn zu gebrauchen ist. Auf Art und Weise der Handhabung unserer Arbeitskartei komme ich an anderer Stelle zurück.

Wörterbücher sind für unsere Arbeit unerläßlich. Davon werden eine Vielzahl auf dem Büchermarkt angeboten; doch leider sind nicht alle gleich gut.

Zu empfehlen sind solche, die nach dem Begriff mit Symbolen das Fachgebiet angeben, in welchem sie gebraucht werden. Es gibt eine Fülle von Wörtern mit vier, fünf und mehr Entsprechungen in der Zielsprache (die Sprache, in die übersetzt wird). Besonders junge Übersetzer, deren Wortschatz, den sie im Kopf haben, noch nicht sehr umfangreich sein kann, müssen darauf achten, Wörterbücher mit Erläuterungen zu benützen. Das gilt für allgemeine, aber ganz besonders für allgemeintechnische Wörterbücher. Darin sind Begriffe enthalten, die beispielsweise in Chemie, Mechanik, Elektrotechnik, Mathematik und im allgemeinen Sprachgebrauch jeweils andere Entsprechungen besitzen.

Nehmen wir als Beispiel das englische Wort conductor: In der Bohrtechnik ist das ein *Bohrlochschutzrohr;* in der Elektrotechnik ein *Draht*, ein *Leiter*, ein *Ableiter* oder eine *Zuleitung*; in der Mechanik ein *Führungsrohr* oder eine *Führungsschiene*; bei der Eisenbahn ein *Schaffner* oder ein *Zugführer*; in der Musik ein *Kapellmeister* usw.

Das gilt aber auch in der anderen Richtung. Das deutsche Wort *Über-*

tragung bedeutet in Verbindungen: *Rundfunkübertragung* radio broadcast; *Übertragungskanal* communication channel; *Übertragungsfunktion* transformation function; *Übertragungsleitung* transmission line.

In solchen Fällen ist es natürlich für einen noch unerfahrenen Übersetzer fast unmöglich, die richtige Entsprechung zu wählen, wenn nicht erklärt wird, auf welchem Gebiet dieser oder jener Ausdruck zu gebrauchen ist. Vor einer besonderen Art Wörterbuch muß ich vor allem junge Kollegen warnen: vor jenen, die für einen Begriff Entsprechungen in zwei, drei oder vier und mehr Zielsprachen geben, und zwar ohne jede Erläuterung und dazu meistens nur jeweils ein Wort. Bei diesen Büchern ist oft sogar ein erfahrener Übersetzer hilflos.

In unserer Zeit der rasanten Entwicklungen auf fast allen Gebieten kommt es immer wieder vor, daß ein Begriff in keinem Wörterbuch eine Entsprechung findet, weil er entweder zu neu ist oder eine zusammengesetzte Form darstellt, die der Autor vielleicht sogar selbst erst geprägt hat (siehe eine Auswahl solcher Formen im Teil „Spezialitäten"). Da ist zunächst guter Rat teuer, doch auch hier kann man sich in den meisten Fällen helfen; bei den praktischen Übungen komme ich darauf zurück.

Für den eben angeschnittenen Fall benötigen wir für unsere Grundausstattung einsprachige Lexika. Für diese gilt der einfache Grundsatz: je dicker, desto besser. Wichtig sind bei einem Lexikon die Hinweise auf Wortstamm, Ursprungssprache, Synonyme und auch oft Antonyme. Diese Hinweise sind die von mir oben erwähnten Hilfen bei der Suche nach neuen Begriffen. Das Zurechtfinden in einem fremdsprachigen Lexikon ist zunächst etwas mühsam, es ist aber eine reine Übungssache und geht von Mal zu Mal leichter. Auch hier lohnt es sich, wie bei dem deutschen Wörterbuch, nicht das erstbeste zu nehmen, sondern ein gutes auszuwählen.

Um die Wörterbücher für alte Fachgebiete ist es zum Teil sehr gut bestellt. Schwierigkeiten ergeben sich aber bei relativ jungen Fächern, und hier kommt nun das zur Geltung, was ich weiter oben bereits anschnitt: die Erstellung eigener Unterlagen.

Wir benötigen dazu Zettel und mindestens zwei passende Kästen, da wir ja in zwei Richtungen arbeiten: Deutsch-Englisch und Englisch-Deutsch. Es ist ratsam, diese Kästen nicht zu groß zu wählen, weil das Hantieren mit kleineren leichter ist. Als Zettelgröße empfiehlt sich das Format DIN A7. Die Eintragungen auf den Zetteln sollten aber besonderen Fällen vorbehalten bleiben. Es wäre sinnlos, jeden neu auftauchenden Begriff aufzuschreiben, der vielleicht nur aus einem Wort besteht, denn das würde das Fassungsvermögen des Kastens bald sprengen. Ein besonderer Fall wäre folgendes Beispiel: Im Text steht battery and lamp test set. Auf den ersten Blick ist das ganz einfach ein *Prüfgerät für Batterie und Lampe* (...battery *and* lamp). Doch jetzt sollte der aufmerksame Leser schon stutzen, denn das ergibt technisch keinen Sinn, und zwar wegen des and. Bei einer Batterie kann man die Spannung messen oder den Säurestand prüfen, doch sicherlich könnte man mit diesem Gerät nicht prüfen, ob eine Lampe (im Volksmund noch immer Birne genannt) noch brennt. Wir kommen also zu dem Schluß, diese Übersetzung könne nicht stimmen. Jetzt kommt die zweite Möglichkeit (nachdem die erste *sprachlich* völlig in Ordnung war): ein Prüfgerät *mit* Batterie und Lampe, also ein Prüfgerät, das mit der Lampe, falls diese aufleuchtet, etwas anzeigt. Die Lampe erhält den Strom von der erwähnten Batterie; technisch wird sie also gespeist. Auf unseren Zettel, Bild 1, würden wir links oben schreiben: battery and lamp test set und darunter: *(batteriegespeiste) Prüflampe*. Auf den Zettel für Deutsch-Englisch, Bild 2, schreiben wir oben links: *Prüflampe (batteriegespeist)* und darunter: battery and lamp test set.

Battery and lamp test set

(batteriegespeiste)

Prüflampe

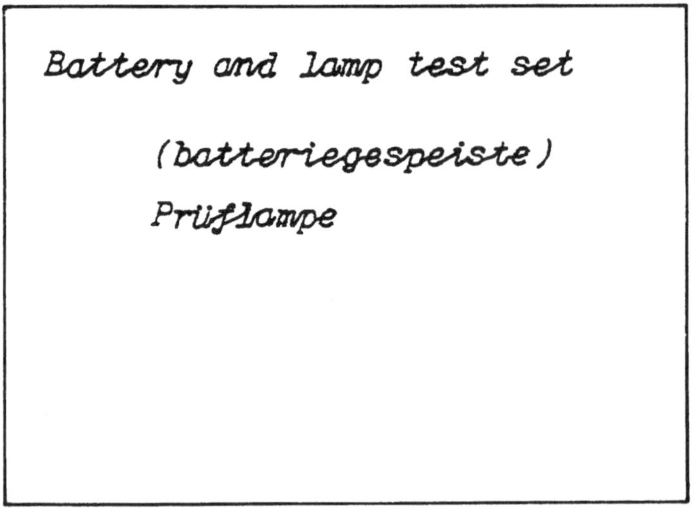

Bild 1. Karteizettel Englisch - Deutsch.

Prüflampe (batteriegespeist)

battery and lamp test set

Bild 2. Karteizettel Deutsch - Englisch.

Nehmen wir eine zweites typisches Beispiel. Auf einem englischen Schaltplan lesen wir circuit not armed. Schauen Sie im Wörterbuch nach, so lesen Sie circuit *Stromkreis, Schaltung* und to be armed *bewaffnet sein*. Das ergibt keinen Sinn, denn einen bewaffneten oder unbewaffneten Stromkreis gibt es in der Technik nicht. Sehen Sie unter arm in einem englischen Lexikon nach, lesen Sie (u.a.): *to fit or prepare (a thing) for any specific purpose or effective use.* Ein Stromkreis ist nur wirksam (effective), wenn er Strom führt, wenn er also armed ist. Wenn Sie jetzt auf dem Schaltplan nachsehen, entdecken Sie einen offenen, d.h. unterbrochenen Stromkreis, der demnach stromlos sein muß. „Der Stromkreis ist stromlos" klingt nicht gut; deshalb nehmen wir die nächste Entsprechung für circuit *Schaltung*. Auf den Zettel schreiben wir links oben: circuit not armed und darunter *Schaltung stromlos*. Auf den Zettel für Deutsch-Englisch kommt wieder die umgekehrte Eintragung.

Bei allen dubiosen Begriffen, wie den oben angeführten, sind Techniker und Übersetzer in Industrie- oder Werkstattbetrieben im Vorteil: Sie können in den Betrieb gehen und fragen oder das betreffende Teil mit den Fingern „betrachten". Ich möchte hier einen ganz dringenden Rat geben: Zögern Sie nie, jemand um Auskunft zu bitten.

Sie werden staunen, was möglicherweise bei der Werkstattsprache herauskommt. Zu dieser shop language, die nicht mit Fachsprache gleichzusetzen ist, wieder ein Beispiel: Ein lock washer ist im Deutschen eine *Unterlegscheibe*, mit der eine Schraube oder eine Mutter gesichert wird. Der Ausdruck wird recht willkürlich gebraucht. In der deutschen Werkstatt macht man aber Unterschiede: Ist der lock washer relativ breit, flach und gewölbt, so wird er *Sicherungsscheibe* genannt. Ist er schmal, dick und offen, ist es im Deutschen ein *Federring*. Ist er dünn und wird ein Teil an die Mutter oder den Schraubenkopf geschlagen, ist es ein *Sicherungsblech* usw. Ein anderes Beispiel ist das Wort oleo. Es steht oft für oil filled shock absorber, also *Stoßdämpfer mit Ölfüllung*. Dieses Wort müßte mit Erläuterung auf dem Zettel stehen. Abschließend bleibt zum Zettelkasten noch zu bemerken, daß unter Umständen eine Ordnung nach Fachgebieten oder entsprechende Kennzeichnung empfehlenswert ist, vor allem, wenn Begriffe enthalten sind, die voneinander abweichende Entsprechungen haben.

1.3 Arten der Fremdsprachenliteratur in der Technik

Zunächst wieder einige grundsätzliche Anmerkungen, mit denen ich einige Fragen im voraus beantworten möchte, die Sie sich in jedem Fall vor Beginn einer Arbeit stellen sollten.

Der Techniker, der den Text ja nur lesen möchte, kann sich die Vorschläge für den Übersetzer ebenfalls zu Herzen nehmen, denn die Hinweise sind auch für ihn sicherlich nützlich. Der Übersetzer wird — wie ich schon sagte — seine Arbeiten meistens unter Zeitdruck ausführen müssen, und doch ist es ratsam, die Vorbereitungen mit der nötigen Umsicht und in aller Ruhe vorzunehmen.

Was gibt es also zu bedenken? Zunächst sollten Sie immer den zu übersetzenden Text vorher ganz lesen und dabei bereits alle unbekannten und schwierigen Wörter unterstreichen. Jetzt ist auch schon eine gute Gelegenheit, sich darüber klar zu werden, was benötigt wird und wen Sie möglicherweise um Auskunft ersuchen können. Wenn es sich um unklare Stellen im Text handelt, können Sie viel Unheil anrichten, falls Sie die Passagen so übersetzen, wie Sie diese unter Umständen falsch aufgefaßt haben. Ein kleines Beispiel dafür:

Aus dem amerikanischen Bürgerkrieg erzählt man sich eine (vielleicht erfundene) nette Anekdote. Ein Kurier wurde von seinem General zum Kommandeur einer Einheit geschickt, um eine Meldung zu überbringen. Die Nachricht wurde nachts im Zelt bei Kerzenlicht geschrieben und sollte lauten: „Halt, delay action at once!" Der Kommandeur sollte also sofort die Kampftätigkeit verzögern. Der Schreiber der Nachricht hatte aber das Komma falsch gesetzt, und der Kommandeur, der mit seiner Truppe auf den Einsatz wartete, las die Nachrichten: „Halt delay, action at once!", d.h. er sollte sofort angreifen. Er tat es, und die Schlacht soll dadurch doch gewonnen worden sein...

Auch im Deutschen verschiebt der Sinn eines Satzes sich, sobald ein Komma falsch sitzt: ...es lohnt sich, für sie zu streiten; und ...es lohnt sich für sie, zu streiten.

Sie sehen, ein kleines Komma kann zwei völlig unterschiedliche Aussagen bewirken. Das Lesen englischer Texte wird erschwert durch die sparsamer verwendeten Satzzeichen, die dazu auch noch keinen so strengen Regeln unterliegen wie im Deutschen. Eine Steigerung der Unsicherheit werden Sie bei technischen Texten erleben, bei denen zuweilen bis zum Telegrammstil gekürzt wird.

Ich gebe Ihnen einige Beispiel für übertrieben kurze Ausdrucksweisen, die Ihnen immer wieder begegnen werden. Sie entstehen, weil man im Englischen Vorgänge oder Gegenstände mit einer Wortkette, d.h. einer Aneinanderreihung von Begriffen beschreiben kann. In manchen Fällen setzt der Schreiber Bindestriche, die eine Erleichterung sind; aber wehe, wenn diese falsch stehen, und das kommt auch nicht selten vor. Hier nun die Beispiele:

Sie lesen replaceable parts list. Eine parts list ist eine *Teileliste*. In diesem Fall ist sie replaceable, also *ersetzbar/auswechselbar*; das Ganze ist demnach eine ersetzbare/auswechselbare Teileliste? Hätten der Autor des englischen Textes oder der Setzer noch einen Bindestrich an die falsche Stelle gesetzt, was vorkommt: parts-list, fühlten wir uns völlig sicher mit der obigen Version. Sie ist jedoch nicht richtig. Sollte eine Teileliste gegen eine andere ausgetauscht werden? Das wäre eine dritte Entsprechung für replaceable. Eine Maschine oder ein Gerät hat nur eine solche Teileliste. Die Verbindung von Wort 2 und Wort 3 entfällt also, und es bleibt nur die von Wort 1 und 2 übrig. Stünde der Bindestrich so: replaceable-parts, wäre alles klar; dann hätten wir es mit einer *Liste ersetzbarer/auswechselbarer/austauschbarer Teile* zu tun. Jetzt bleibt nur noch die Wahl des besten Adjektivs übrig. Ein *ersetzbares Teil* kann irgendein Teil des Geräts sein, das ersetzt werden kann, wenn es schadhaft ist oder fehlt. Das ist hier aber nicht gemeint. Es handelt sich um Teile, die ausgewechselt oder ausgetauscht werden müssen, weil sie schadhaft sind, d.h. das defekte Teil wird aus- und das neue eingebaut. Wir übersetzen also replaceable parts list mit *Liste von Austauschteilen*. Müßten Sie einen deutschen Text ins Englische übersetzen, sollten Sie die korrekte englische Form wählen: *List of replaceable parts*.

Ein weiteres Beispiel lautet: Properly terminated constant amplitude sine wave generator. Zur Erleichterung der Besprechung des Beispiels wollen wir die Wörter mit 1, 2, 3, 4, 5, 6 und 7 bezeichnen. Ihnen fällt sicher sofort 7 generator auf, und Sie fragen sich, was erzeugt (to generate) 7? Was liegt näher als 5,6 *Sinuswelle*? Und diese Sinuswelle ist von 3,4 constant amplitude, also von *konstanter Amplitude*. Bis jetzt haben Sie vielleicht geglaubt, das alles ohne im Wörterbuch nachzusehen übersetzen zu können:

5,6,7 = *Sinuswellengenerator (mit)*
3,4 = *konstanter Amplitude*.

Da steht aber noch 1,2 = properly terminated, *richtig abgeschlossen*! Was ist nun richtig abgeschlossen?

1,2 = *richtig abgeschlossene*
3,4 = *konstante Amplitude*
oder
1,2 = *richtig abgeschlossener*
5,6,7 = *Sinuswellengenerator*?

Spätestens jetzt sollten Sie doch lieber im Fachwörterbuch nachsehen. Sie stellen fest, 5,6,7 ist ein *Sinusgeber*. 3,4 bleibt so. Doch wie paßt 1,2 hierher? Wenn Sie unter terminate nachsehen, lesen Sie (für Elektrotechnik) *abschließen*. Das kann Sie aber nicht befriedigen. Sie sehen weiter nach unter terminate und lesen dort: terminated by a resistance *abgeschlossen durch einen Widerstand*. Der Autor macht es sich nun leicht und läßt by a resistance einfach weg; Sie machen daraus lediglich *Abschlußwiderstand*. Jetzt lautet die Kombination 1,2 = *(mit) richtigem Abschlußwiderstand*. Wir erhalten: 5,6,7 + 1,2 = *Sinusgeber mit richtigem Abschlußwiderstand*. Wo bleibt aber 3,4 = *konstante Amplitude*? Die Reihenfolge der Kombination lautet: 5,6,7 + 1,2 + 3,4 = *Sinusgeber mit richtigem Abschlußwiderstand, dessen Amplitude konstant bleibt*.

Dieser Fall ist gleichzeitig ein Zeugnis dafür, daß man mit Raten nicht weit kommt; Nachsehen ist besser.

Hier noch zwei Beispiele für knappe Ausdrucksweise: Plug and cap one end of tube. Diesen Satz kann man in dieser Form überhaupt nicht übersetzen. Die Wörter plug *Stopfen* und cap *Kappe* sind als Verben gebraucht, was wir mit verstopfen und verkappen übersetzen müßten. Das klingt natürlich nicht gut, und wir überlegen uns eine andere Lösung. Bei englischen technischen Anweisungen ist oft eine weitere Eigenart festzustellen, die ich auch noch hervorheben muß. Wenn es im Deutschen heißt, an einer bestimmten, schwer zu erreichenden Stelle eines Motors sind zwei Schrauben herauszudrehen, dann steht da nur: zwei Schrauben unterhalb des Krümmers herausdrehen. Im Englischen kann da aber stehen (übersetzt): mit der linken Hand am Motorblock abstützen und mit der rechten durch Drehen des Schraubendrehers nach links die beiden Schrauben unter dem Krümmer lösen. Das Beispiel ist sicher etwas überzogen; doch ich möchte damit auf den Unterschied in der Ausbildung der Fachkräfte hinweisen und komme wieder auf unser Beispiel zurück. Ein Installateur bei uns weiß, wie er ein Rohrende verschließen muß; er hat es gelernt, und man muß es ihm nicht erst beschreiben. In den USA ist es ein Job, ohne festgelegte Lehrzeit. Deshalb wird hier gesagt, wie es gemacht werden muß: mit Stopfen und Kappe. Wir übersetzen den englischen Satz einfach mit: *Ein Ende des Rohres verschließen.*

Am nächsten Beispiel könnte man fast schon verzweifeln: integrated circuit selective amplifier techniques. Es ist nicht konstruiert, sondern kommt tatsächlich in einer Vorschrift vor. Wir wollen die Wörter wieder mit 1, 2, 3, 4 und 5 bezeichnen. Auf den ersten Blick scheinen 3,4,5 selective amplifier techniques und 1,2 integrated circuit zusammenzugehören; 3,4,5 wäre also *selektive Verstärkertechnik* und 1,2 *integrierte Schaltung*. Auf den zweiten Blick könnten aber 1,2,5 ebenfalls zusammengehören: integrated circuit techniques *Technik der integrierten Schaltung*; 3,4 wäre dann *selektiver Verstärker*. Schreiben wir uns die möglichen Kombinationen untereinander:

3,4,5 = *selektive Verstärkertechnik,*
1,2 = *integrierte Schaltung,*
1,2,5 = *Technik der integrierten Schaltung,*
3,4 = *selektiver Verstärker.*

In dieser Aufstellung sehen wir zwei Begriffe, die uns aus der Elektrotechnik bekannt sein sollten: 1,2 = *integrierte Schaltung* und 3,4 = *selektiver Verstärker*. Ein Verstärker oder ein selektiver Verstärker sind Teil eines Schaltsystems oder einer Schaltung. Diese kann in bestimmten Fällen eine *integrierte Schaltung* sein. Nehmen wir jetzt also 1,2,5 als Hauptaussage und 3,4 als Hinweis darauf, wo die Hauptaussage angewandt wird, so erhalten wir die Übersetzung für integrated circuit selective amplifier techniques: *Technik der integrierten Schaltung* (1,2,5) *bei selektiven Verstärkern* (3,4).

Jetzt sehen wir uns noch ein Beispiel an, bei dem Sie sicherlich ohne Hilfe eines Fachmannes (falls Sie nur Übersetzer sind) nicht weiterkommen. Ehe Sie aber den Weg zum Spezialisten antreten, sollten Sie doch den Text soweit übersetzen, wie Sie es können. Der Satz lautet: Adjust C36 for flattest response, or if desired, for peaked characteristics. In der Elektrotechnik finden Sie die Formulierung adjust...for... häufig. Die einfachste Übersetzung wäre: ... *auf* ... *einstellen*; doch damit kommen Sie aber nicht immer weiter. Besser wäre es, sich für eine Formulierung mit *so einstellen, daß*... zu entscheiden. Ein C36 ist ein condenser 36 = Kondensator mit Schaltungs-Nr. 36. Die Übersetzung lautet also: *Kondensator 36 so einstellen, daß*... In einem Wörterbuch der Elektrotechnik finden wir response = *Frequenzgang*. Jetzt gilt es wieder, zu überlegen: einen Frequenzgang kann man nur auf einem Oszillographen sehen. Wenn man ihn mittels eines Kondensators verstellen kann, so heißt das, man kann ihn mit Spitzen oder flach verlaufen lassen. In unserem Beispiel lesen Sie ja flat und peaked. Sie lesen aber auch nicht nur flat sondern *flattest*, also möglichst flach. Unser Satz lautet nun: *Kondensator 36 so einstellen, daß der Frequenzgang möglichst flach verläuft*... In dem englischen Satz ist noch die Rede von peaked characteristics. Characteristic ist eine *Kennlinie* und eine peaked characteristic eine *Kennlinie mit Spitzen*. Wir können also jetzt übersetzen: *Kondensator 36 so einstellen, daß der Frequenzgang möglichst flach verläuft oder — falls es erwünscht ist — daß eine Kennlinie mit Spitzen entsteht*. Gehen Sie mit diesem Satz zum Fachmann, ergibt sich folgende endgültige Übersetzung: *Kondensator 36 so einstellen, daß der Frequenzgang so weit möglich flach verläuft oder daß an einer Stelle eine Resonanzspitze vorhanden ist, falls dies erwünscht ist.*

Ein Trost bleibt Ihnen: Falls Sie solche Texte übersetzen müssen, werden Sie wahrscheinlich in einem entsprechenden Betrieb arbeiten, wo die Dinge Ihnen vertraut sind oder noch werden.

In einem einfachen Satz möchte ich Ihnen noch ein Beispiel dafür geben, wie man die Diktion einer Übersetzung variieren kann. Sicher kann man das nicht von heute auf morgen lernen. Doch mit wachsendem Wortschatz und zunehmender Übung werden Sie dazu in der Lage sein. Der Satz lautet: Inspection of the gear set is possible only after you remove the screws in three places and take off the covering. Übersetzungsversion 1: *Die Prüfung des Getriebes ist erst möglich, nachdem die drei Schrauben der Abdeckung herausgedreht und die Abdeckung abgenommen sind.* Version 2: *Erst nachdem die an drei Stellen verschraubte Abdeckung abgenommen wird, kann das Getriebe geprüft werden.* Version 3 (für die Werkstatt): *Vor Prüfung des Getriebes müssen drei Schrauben herausgedreht und die Abdeckung abgenommen werden.* Version 4 (in einer technischen Vorschrift):

Prüfung des Getriebes:

- *drei Schrauben 1, Bild 3, herausdrehen,*
- *Abdeckung 2 abnehmen.*

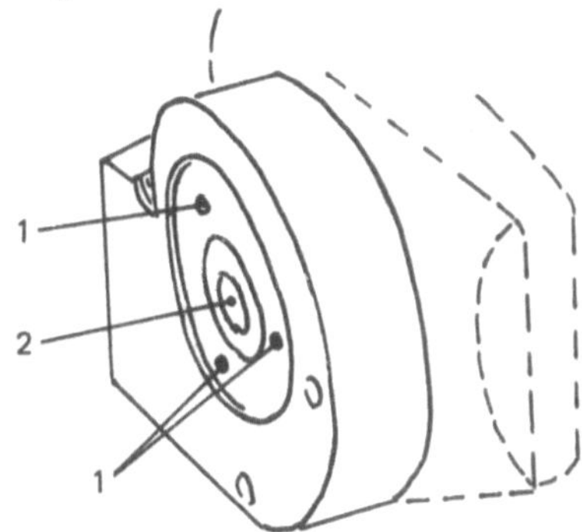

Bild 3. Getriebeabdeckung.
1 Schraube
2 Abdeckung

Ein Beispiel für die umgekehrte Richtung soll ebenfalls genügen: *Das Einbauen der Halterung für den Motor kann nur in einer bestimmten Reihenfolge von Arbeitsgängen erfolgen.* Version 1: Mounting of the motor bracket is possible only in one certain sequence. Version 2: Following sequence of work steps is the only possible for mounting the motor bracket. Version 3: Unless you follow the only possible sequence of work steps you can not mount the motor bracket. An diesen Beispielen sehen Sie die Möglichkeiten für Variation in der Formulierung. Ihre Anwendung ist lediglich eine Frage der Übung.

Jetzt kommen wir zum eigentlichen Inhalt dieses Kapitels. Was für Texte, die uns interessieren, gibt es? Für unsere Zwecke nehmen wir eine grobe, vielleicht nicht ganz vollständige Einteilung vor. Diese Einteilung wiederholt sich dann im Arbeitsteil, in dem ich mich bemühen werde, alle Möglichkeiten auf möglichst breiter Basis zu behandeln. In diesem Teil „Praxis" werden wir die einzelnen Übersetzungen gemeinsam erarbeiten. Ich gebe Ihnen aber nicht einfach Texte, die Sie übersetzen sollen, sondern will Ihnen auch jeweils erklären, wie man es tut und warum in einem Fall so und in einem anderen anders. Das ist es ja, was dieses Buch von einem üblichen Lehrbuch unterscheiden soll.

Wir haben es mit folgenden Fremdsprachentexten zu tun:

- Kurzbeschreibungen technischer Geräte,
- Bedienungsanweisungen,
- technische Vorschriften,
- Handbücher (i.e. erweiterte technische Vorschriften mit Instandsetzungsanweisungen),
- Werbetexte und
- Korrespondenz (kurzgefaßt).

1.3.1 Kurzbeschreibungen technischer Geräte

Genau genommen gehören diese Kurzbeschreibungen zu den später zu behandelnden Werbetexten. Ich nehme sie aber doch vorweg, weil ich unter Werbetexten auf eine ganz besondere Art der Übersetzung eingehen möchte.

Die jetzt angesprochenen Kurzbeschreibungen sind auch in der Werbung zu finden, und zwar in Anzeigen. Alle Fachzeitschriften enthalten im Verhältnis zu ihrem Umfang eine sehr große Anzahl von Anzeigen, in denen die Herstellerfirmen entweder auf neue Erzeugnisse aufmerksam machen oder eingeführte nicht in Vergessenheit geraten lassen wollen. Der Charakter dieser Anzeigen wird natürlich nicht zuletzt von den Kosten für diese Werbung geprägt, d.h. auf möglichst kleinem Raum muß ein Maximum von Information geboten werden. Gleichzeitig soll aber der Leser, der ja fast immer Fachmann ist — sonst würde er diese Zeitschrift nicht lesen — von der Anzeige gefesselt werden. Sie muß also etwas enthalten, was ins Auge springt, und der darauf folgende Text muß kurz, informativ und interessant sein. Es ist die Aufgabe des Übersetzers, dem Rechnung zu tragen und den Zweck der Anzeige nicht zu verwässern.

Soll eine Anzeige zur Information der Firma ins Deutsche übersetzt werden, so ist es nicht problematisch, weil in diesem Fall der Inhalt das Wesentliche ist, d.h., Sie brauchen nicht auf Werbewirksamkeit zu achten und können zum Teil in Ihren eigenen Worten ausdrücken, um was es geht. Sie müssen jedoch das Neue deutlich hervorheben.

Schwieriger wird es, wenn Sie eine Anzeige der eigenen Firma ins Englische übertragen müssen. Ich sage jetzt absichtlich übertragen, weil Sie nicht eine wortgetreue Übersetzung des deutschen Textes bringen dürfen. Die Werbewirksamkeit wäre damit nicht mehr unbedingt gegeben. Anzeigenwerbung fällt ja unter den großen Begriff Public Relations (PR). Diese Art Werbungsindustrie ist von den Amerikanern zu uns gekommen, die sie in gewissem Sinn bis zur Perfektion entwickelt haben. Was uns immer wieder auffällt, sind die oft unglaublichen Gedankensprünge, die dem armen Opfer der Werbung abverlangt werden: Da sollen Männer im Adamskostüm uns weismachen, wir brauchten unbedingt einen bestimmten Duft, um Erfolg zu haben. Junge Mädchen zeigen uns ihre (von Natur noch) makellose Haut, die angeblich so makellos ist, weil sie sich mit diesem oder jenem einreiben.

Dem deutschen Hang zu allem Fremden trägt die Werbung reichlich Rechnung mit dem Gebrauch ausländischer Namen und Bezeichnungen, und das manchmal auch noch falsch! Da lesen wir auf manchen Artikeln z.B. „Comtessa" irgendwas. Die Gräfin heißt aber in Italien Contessa und in Frankreich Comtesse. Beides zu verbinden ist natürlich völliger Unsinn, oder auf gut Deutsch „kompletter Nonsens". Da gibt es „dream cream", Schallplatten mit Aufnahmen des „Symphony Orchestra" soundso, mittelmäßige Pianisten werden zu Genies hochgejubelt und produzieren am laufenden Band Platten mit „dream music"; es gibt keine Läden mehr, sondern nur noch shops; ein Clever-Paket informiert über besondere Vorteile; drückt man den Open-air-Knopf, geht das Verdeck auf; und jeden Abend hören wir softig: Good morning future, usw. Ich frage mich oft, ob die deutschen Werbefachleute sich nicht darüber klar sind, daß sie sich doch ein Armutszeugnis ausstellen. Die deutsche Sprache ist so reich an Ausdrucksformen, an der ja die Ausländer häufig verzweifeln, wenn sie Deutsch lernen. Müssen wir da Anleihen aufnehmen bei anderen Sprachen? Den ersten Preis für Sprachenvergewaltigung erhalten aber die Politiker; denken wir nur an das berühmte „Umweltauto". Da Sie, lieber Leser, sich mit Sprachen beschäftigen, werden Sie in allen Medien diese zum Teil haarsträubenden Beispiele immer wieder bemerken. Man könnte damit Seite um Seite füllen, was wir uns hier aber ersparen wollen.

Diese Art der kommerziellen Werbung ist sehr wirkungsvoll. Prüfen Sie einmal selbst, wieviel Sprüche oder Slogans Ihnen oder Kindern (!) auf Anhieb einfallen. In der Technik geht das nicht so. Wenn Sie werbende Kurzbeschreibungen übersetzen, müssen Sie sich auf Fakten beschränken.

Da Anzeigen im allgemeinen teuer sind und die Größe deshalb eine Rolle spielt, muß der Inhalt entsprechend gestaltet werden. Es kommt darauf an, mit wenigen Worten viel zu sagen. Dabei ist außerdem noch darauf zu achten, den Text durch prägnante Formulierungen interessant zu machen. Um das *Wie* herauszubekommen, studieren Sie möglichst viele Anzeigen, schauen Sie nach besonderen Formulierungen, übersetzen Sie diese ins Deutsche und am nächsten Tag zurück ins Englische. Im Arbeitsteil werden wir näher darauf eingehen.

1.3.2 Bedienungsanweisungen

Bei diesen Anweisungen nähern wir uns bereits technischen Vorgängen, deren Behandlung auch einen entsprechenden Wortschatz verlangt. Sie müssen je nach Branche, in der Sie arbeiten, über die spezifischen Ausdrücke verfügen, und Sie sollten sich von Anfang an um präzise Formulierungen bemühen.

Beginnen wir wieder mit einem Beispiel: In einer Bedienungsanweisung steht start the engine; ein simpler Satz, meinen Sie? Das ist nur mit Einschränkung richtig. Die englische Sprache ist gelegentlich sehr großzügig, denn to start kann heißen *anlassen, einschalten, in Gang setzen, einleiten, beginnen* usw.; ein andermal ist sie genauer als das Deutsche: engine übersetzen wir mit Motor, genau so, wie das englische Wort motor. Das ist nicht richtig! Alle Motore, in denen ein *Verbrennungsprozeß* stattfindet, sind im Englischen engines, aber eine steam engine nennen wir im Deutschen *Dampfmaschine*, eine jet engine ist ein *Strahltriebwerk*. Alle Motoren, die von einem Medium angetrieben werden, sind im Englischen motors: electric motor, hydromotor, compressed-air motor usw.

Jetzt kommt es aber noch schlimmer. Bei dem einfachen Satz start the engine müssen Sie weiterhin überlegen, wie Sie ihn übersetzen. Ein Verbrennungsmotor wird angelassen, wenn er einen Anlasser hat; mit einer Kurbel wird er angeworfen. Ein E-Motor wird eingeschaltet, ein Hydromotor wird in Gang gesetzt. Und wenn da steht start the process, heißt es: *den Prozeß einleiten* . Sie sehen, wie verwirrend ein simpler Satz sein kann. Doch wird alles weniger problematisch, weil Sie wahrscheinlich nur die für Ihre Branche typischen Formulierungen brauchen werden.

Um was geht es bei Bedienungsanweisungen? Es sind begleitende Unterlagen, die dem Käufer und Benutzer einer neuen Maschine oder eines Gerätes in kurzer Form vermitteln, wie er damit umgehen soll. Sie sind keineswegs unwichtig, denn Gewährleistungen stützen sich immer auf die vom Hersteller verfaßten Anweisungen. Das bedeutet für den Übersetzer nicht nur, genau zu arbeiten (das soll er ja immer), sondern er sollte sich in jedem Fall das betreffende Objekt ansehen und — falls nötig — von einem Fachmann im Betrieb erklären lassen.

Die Bedienungsanweisungen, Operating Instructions oder Operator's Handbook, je nach Umfang, gehören natürlich auch zu den technischen Vorschriften. Ich habe sie aber herausgezogen, weil sie sich in ihrer technischen Begrenztheit (nicht Beschränktheit) von den anderen Vorschriften unterscheiden. In der Regel enthalten sie eine kurze Funktionsbeschreibung des Gerätes, technische Daten, Anweisungen für den Einbau (falls zutreffend), für die Inbetriebnahme, für das Stillegen bei längerer Unterbrechung sowie Pflege - und Wartungshinweise. Die von mir betonte technische Begrenztheit liegt darin, daß Bedienungsanweisungen keine Anleitungen zum Zerlegen des Gerätes, zur Instandsetzung und zum Wiederzusammenbau enthalten. Diese Anweisungen sind in den nächsten Kategorien vorhanden, den technischen Vorschriften und Handbüchern.

1.3.3 Technische Vorschriften

Diese Gruppe von Übersetzungen ist nicht scharf von der nächst höheren, den technischen Handbüchern, zu trennen. Auch hier liegt der Hauptunterschied im Umfang. Haben wir es mit einem kleineren Gerät zu tun, so wird es mit einer technischen Vorschrift ausreichend beschrieben. Sie enthält die gleichen Abschnitte wie eine Bedienungsanweisung, dazu aber noch Abschnitte über die Zerlegung des Gerätes, die Instandsetzung einzelner Teile, den Wiederzusammenbau, die Funktionsprüfung, die Lagerung und — sehr häufig — noch eine Stückliste.

Nehmen wir als Beispiel einen Stromerzeuger, einen Generator, der mit einem Dieselmotor ausgerüstet ist. Die Vorschrift beschreibt das ganze Gerät mit Abbildungen: den Aufbau, die einzelnen Aggregate und ihr Zusammenwirken; das Zerlegen, die Reinigung der Einzelteile und ihre Instandsetzung. In Tabellen werden Passungen und Sitze angegeben, Toleranzen bei der Bearbeitung, und fast immer ist auch eine Störungssuchttabelle enthalten. Danach werden der Zusammenbau, die Durchführung der Funktionsprüfungen sowie die Wiederinbetriebnahme beschrieben. In den meisten Vorschriften ist am Schluß noch ein Teilekatalog mit den entsprechenden auseinandergezogenen Bildern (sog. Explosionszeichnungen) angehängt.

Das ist der grobe Abriß einer technischen Vorschrift, der jedoch hier genügt, weil wir im Arbeitsteil „Praxis“ in Einzelheiten darauf eingehen.

An dieser Stelle bleibt aber noch einiges zur Sprache zu sagen. Grundsätzlich ist festzustellen, daß es in der Industrie noch keine Regeln für die Erstellung von Vorschriften gibt. Das heißt also, jedes Unternehmen hat seine eigenen Vorstellungen davon. Nun gibt es aber eine Vielzahl von Firmen, die Aufträge für den Bund ausführen, wobei immer die Dokumentation dazugehört. Um in diesen Fällen Einheitlichkeit zu gewährleisten, gibt es für diese Dokumentationen Richtlinien. Auf diesem Wege ist natürlich ein bestimmter Trend zu einheitlicher Form der Ausführung eingeleitet worden.

Was die Ausdrucksweise angeht, so kann leider noch keineswegs von gleicher Diktion die Rede sein, mit Ausnahme der erwähnten Vorschriften für den Bund.

Während meiner Tätigkeit im Öffentlichen Dienst mußte auch ich mir diese kurze und prägnante Ausdrucksweise aneignen, und ich muß gestehen, sie kann in der Technik nicht besser sein. Ich mache sicher keinen Fehler, wenn ich in diesem Buch auch Sie mit dieser Form vertraut mache. Wir wollen klare, sachliche Sätze schreiben, ohne Schnörkel und „schöne“ Redewendungen.

Technische Texte entstehen meistens in Gemeinschaftsarbeit. Man kann also keinen persönlichen Stil des Autors finden (im Gegensatz zu literarischen Texten, die man wohl einwandfrei in eine Zielsprache übersetzt, sonst aber die sprachlichen Eigenarten, d.h. den Stil des Autors, möglichst genau wiedergibt). In einer Vorschrift für den Generator können Sie folgendes lesen:

Unloading the equipment
The generator set may be unloaded manually or with a suitable hoist or forklift after removing all blockings and tiedowns.

CAUTION: Use care when handling the crate to avoid damage to the generator set.

Unpacking the equipment

a) Remove the nails that secure the sides of the crate to the base and remove the top and sides of the crate as one unit.
b) Remove the canvas cover from the generator set.
c) Remove the four square nuts and flat washers that secure the generator set to the base.
d) Lift the generator set from the wooden base.

CAUTION: Exercise care in the use of bars, hammers, and similar tools while uncrating to avoid damaging the equipment.

Von diesem ganzen englischen Text kann vieles wegbleiben, vor allem die dauernde Wiederholung generator set. Sie sollten hier nicht übersetzen, sondern sinngemäß wiedergeben.

Abladen des Geräts

Der Generator kann entweder von Hand, mit einer Hebevorrichtung oder einem Gabelstapler abgeladen werden.

ACHTUNG: Das verpackte Gerät vorsichtig handhaben, damit es nicht beschädigt wird.

Auspacken des Geräts

a) Die Nägel, mit denen die Seiten des Verschlags an der Bodenplatte befestigt sind, herausziehen und den Verschlag abheben.
b) Segeltuchabdeckung abnehmen, vier Muttern der Befestigung auf der Bodenplatte abschrauben und Generator herunterheben.

ACHTUNG: Brechstangen, Hämmer und andere Werkzeuge vorsichtig handhaben, damit das Gerät nicht beschädigt wird.

Sie sehen, der Text ist kürzer geworden, ohne daß irgendeine Information fehlt.

Normale Beschreibungen werden in der dritten Person gegeben: Der Generator ist ein in sich geschlossenes, auf einem Fahrgestell montiertes Gerät. Wir schreiben *nicht*: „Bei dem Generator handelt es sich um ein..." Formulierungen wie diese: „Unter Umständen ist es möglich, den Generator für den Transport auf der Straße an einen Lastkraftwagen zu hängen" sind schlecht. Besser ist: „Der Generator kann für den Transport auf der Straße an einen Lastkraftwagen gekoppelt werden, vorausgesetzt, er ist mit der dafür erforderlichen Kupplung mit Auflaufbremse ausgerüstet".

Anweisungen werden im Imperativ gegeben: Handbremse anziehen. Schalthebel in Leerlaufstellung bringen. Motor abstellen. Zündschlüssel herausziehen usw.

Etwas problematischer ist es bei Funktionsbeschreibungen. Dabei kann man sich oft nicht so knapp ausdrücken, aber die Regel der dritten Person bleibt. Wir werden das noch kennenlernen.

In der Technik gibt es also nur Ja oder Nein. Werden Ausnahmen angesprochen, so muß klar gesagt werden, wann und warum sie auftreten. Sie müssen auch im Umgang mit der Muttersprache genau sein. Ein immer wieder vorkommender Fehler ist bei der Übersetzung des englischen type festzustellen. Type 1213 ist im Deutschen Typ 1213, also ohne e am Ende. Eine Type ist im Deutschen eine Drucktype oder ein schrulliger Mensch. Das Wort type wird besser übersetzt mit *Modell* oder *Baumuster*. Ein weiteres Beispiel ist Probeentnahme und Probenentnahme. Die erste Form ist der Versuch einer Entnahme. Die zweite dagegen bedeutet die Entnahme einer Probe (z.B. aus dem Boden). Noch ein Beispiel:

They were easily opened. Schauen Sie im Wörterbuch nach, finden Sie easy *leicht, mühelos. Sie wurden mühelos geöffnet* können Sie übersetzen, aber sie dürfen nicht sagen „sie wurden leicht geöffnet". *Leicht* hat im Deutschen noch die Bedeutung von geringfügig. Dazu hätte im englischen Original stehen müssen: They were slightly opened. Auf solche Mehrfachbedeutungen ist also unbedingt zu achten. Es wird manchem nicht gleich geläufig werden, weil wir uns im Gebrauch unserer Muttersprache leider viele Nachlässigkeiten angewöhnt haben, die zudem auch in die Medien Eingang gefunden haben.

Manchmal ist es der Deutlichkeit wegen erforderlich, von der richtigen Übersetzung ganz wegzugehen: Fasteners sind u.a. *Befestigungsteile* ; common fasteners wären dann gewöhnliche Befestigungsteile, was keinen rechten Sinn ergibt. Gemeint sind *handelsübliche Befestigungsteile*. Auch bei sheet steel und steel sheet besteht ein gewaltiger Unterschied: sheet steel ist Stahl für Blech (auch wenn er noch ein Block vor dem Walzen ist); steel sheet ist *Stahlblech* (immer nach dem Auswalzen).

Soviel zur deutschen Sprache der Technik. Sie wollen aber in beiden Richtungen arbeiten. Das technische Englisch wird Ihnen am Anfang Schwierigkeiten bereiten. Erstens ist es nicht immer gut, weil die kurze Ausdrucksweise häufig bis zum Exzeß übertrieben wird, zum anderen müssen Sie sich an die shop language gewöhnen, die ebenfalls oft seltsame Blüten treibt: Der Draht, mit dem eine Mutter oder ein Bolzen gesichert wird, ist ein safety wire. Der Vorgang des Sicherns wird nicht immer so ausgedrückt: Secure nut with wire, sondern oft steht da: safety wire nut, d.h. das Substantiv wird einfach als Verb gebraucht. Umgekehrt kommt es aber auch vor. To plug in heißt *einstecken*. Wird zwischen plug und in ein Bindestrich gesetzt, erhalten wir ein plug-in *Einsteckteil*, also ein Substantiv. Und dieses Substantiv kann sich auch in ein Adjektiv verwandeln: plug-in preamplifier *einsteckbarer Vorverstärker*. Ein weiteres typisches Beispiel: Operation is facilitated by sure-grip handles. Die Bedienung oder der Betrieb wird also durch *besondere* Handgriffe erleichtert; es sind sure-grip Handgriffe. Sie werden über das sure-grip stolpern und hoffentlich gleich im Wörterbuch nachsehen. Unter grip finden Sie u.a. *Griff*, *Handgriff*, aber auch *ergreifen* und *halten*. Die Substantive können wir gleich vergessen, denn wir haben ja bereits Handgriffe (handles). Dazu paßt *ergreifen* und auch *halten*, wir haben damit aber noch keine Übersetzung. Wir sehen unter sure nach und lesen u.a. *sicher*, *zuverlässig*. Von allem, was wir bisher gelesen haben, paßt folgendes zusammen: *Handgriff*, *ergreifen*, *zuverlässig*. Jetzt überlegen wir wieder: Was klingt logischer: einen Handgriff sicher halten oder ihn zuverlässig ergreifen? Vergessen Sie nicht den Originalsatz: Operation is facilitated by sure-grip handles; die Bedienung (oder der Betrieb) geschieht mit Hilfe der Handgriffe und wird sicherer durch sure-grip Handgriffe. Die Technik braucht Sicherheit, und Handgriffe, die Sicherheit bieten, können wir jetzt mit *Sicherheitshandgriffen* bezeichnen. Der Satz kann also übersetzt werden: *Die Bedienung wird durch Sicherheitshandgriffe erleichtert.*

Sie lesen weiter in einem Text: The panel is held in place by four quick-connect bolts. Ein panel ist gewöhnlich eine *Verkleidung* oder *Abdeckung*. Unser panel ist mit vier bolts befestigt. Vergessen Sie das held in place = an seinem Platz gehalten. Wir sagen dafür *befestigt*. Uns geht es wiederum um *besondere* bolts = *Bolzen*. To connect heißt u.a. *verbinden*, *zusammenfügen*; quick heißt *schnell*. Wir wollen aber nicht verbinden, sondern befestigen. Offensichtlich sind Schrauben gemeint, die schnell befestigt werden, d.h. quickly fastened bolts. Warum heißt es aber *connect*? Hätten Sie jetzt schon eine Sammlung technischer Unterlagen in Englisch, könnten Sie die Erklärung *sehen*: diese quick-connect (shop language!) bolts sind *Spezialschrauben*, die aus zwei Teilen bestehen und genau genommen überhaupt keine Schrauben sind: Das Hauptteil ist ein federbelasteter Zapfen, der in das Gegenstück eingedrückt und mit einer

Viertel- oder Halbdrehung befestigt wird. Dieser Vorgang ist das connecting, und da er in einem Arbeitsgang (drücken und drehen) ausgeführt wird, ist er quick. Es sind also *Schnellbefestigungsschrauben*, die in der Technik seltsamerweise *Schnelltrennschrauben* genannt werden. Unser Satz heißt demnach: *Die Verkleidung ist mit vier Schnelltrennschrauben befestigt*. Sprachlich ist das alles sicher nicht schön, doch technisch ist es in der Präzision nicht zu überbieten. Allerdings müssen Sie sich so daran gewöhnen, daß Sie es auch erkennen.

Nehmen wir noch einige Beispiele, weil das Erkennen solcher Fälle so wichtig ist: An installed part which is not defective need not be removed solely for the purpose of replacement by a corresponding kitted part. Das kritische Wort in diesem Beispiel ist *kitted*, und zu dessen Erklärung muß ich weiter ausholen.

Sie werden bei technischen Texten immer wieder Wörter finden, die in keinem Wörterbuch enthalten sind, weil sie aus der shop language kommen. Die Rätsel, die Ihnen diese verrückten Wörter aufgeben, dürfen Sie aber nicht durch *Raten* zu lösen versuchen. Wenn Sie lesen: kitted part, klingt ganz spontan in Ihnen folgende Überlegung an: kitted, to kit *kleben oder kitten*, also ein geklebtes Teil! So geht es aber nicht. Hier müßten Sie als erstes zum Wörterbuch greifen; das zweite wäre die Feststellung, daß es das Verb *to kit* allein nicht gibt. Und jetzt sollte eine ganze Reihe von Überlegungen einsetzen: Es geht in dem fraglichen Satz um den Austausch schadhafter Teile. Ein schadhaftes Teil durch ein geklebtes zu ersetzen, wäre völliger Unsinn; also fällt diese Lösung sowieso schon weg. Im Wörterbuch finden Sie den Begriff *to kit out ausstatten (mit)*. Dieser ist in unserem Beispiel so aber auch nicht zu gebrauchen. Sie müssen noch nach dem Substantiv schauen, und da finden Sie *kit Ausrüstung*, *Ausstattung*, *Werkzeugkasten* usw. Jetzt kommen wir der Sache schon näher! Wenn also to kit out = ausstatten heißt und kit = Ausstattung, dann könnte ein *kitted part* ein *part* in einem *kit* sein. Und jetzt müssen Sie nur noch die endgültige Entsprechung für kit suchen. Dazu schlagen Sie in einem Lexikon der englischen Sprache nach und lesen: kit = a set of tools or spare parts for a special purpose. Für unseren Fall wäre kit demnach ein set of spare parts = *ein Satz Austausch- oder Instandsetzungsteile*.

Zu dieser sprachlichen Seite Ihres Problems kommt aber sicher noch eine technische. Nehmen wir als Beispiel ein hydraulisches Steuerventil. Diese Geräte sind zum Teil recht kompliziert und deshalb auch teuer. Sie müssen aber von Zeit zu Zeit entweder grundüberholt oder instandgesetzt werden. Beim Zerlegen werden grundsätzlich alle Dichtungen und O-Ringe (eine Dichtung mit rundem Querschnitt) sowie Verschleißteile (Federn und bewegliche Teile) ausgewechselt; außerdem natürlich alle sich als schadhaft erweisenden Teile. Der Hersteller solcher Geräte stellt *kits* zusammen, in denen alle genannten Teile enthalten sind, also auch die möglicherweise schadhaft werdenden. Ein kitted part ist demnach ein *in einem Reparatursatz enthaltenes Ersatzteil.* Unser Satz kann jetzt endgültig übersetzt werden: *Ein nicht schadhaftes eingebautes Teil muß nicht ausgesondert werden, nur weil das entsprechende Teil im Reparatursatz enthalten ist.*

Bei der Montage eines Motors können Sie auf folgenden Satz stoßen: Hold pinion in place whilst the set screw is located and screwed home. Es wird also beschrieben, wie ein Ritzel oder Zahnrad auf einer Welle angebracht und gesichert wird. Hier ist einmal das Wort locate irreführend gebraucht, und zum anderen gibt Ihnen das screwed home ein Rätsel auf. Der technische Vorgang, der beschrieben wird, muß Ihnen klar sein, wenn Sie den Satz richtig übersetzen wollen: Auf einer Motorwelle ist ein Zahnrad zu montieren. Das Zahnrad weist eine verlängerte Nabe auf, in der sich eine Bohrung für die Feststellschraube (set screw) befindet. Die set screw hält das Zahnrad in seiner Position auf der Welle fest. Feststellschrauben haben im allgemeinen keinen Kopf, weshalb der Fachmann sie oft auch Madenschraube nennt. Sie ist entweder leicht angespitzt und drückt sich mit der Spitze in das Metall der Welle, oder sie ist stumpf und rastet in eine Ansenkung in der Welle ein. Ich erkläre dies alles nicht, um Sie zum Monteur auszubilden, sondern um das im Grunde falsch gebrauchte Wort locate zu erklären. (Außerdem müssen Sie technische Vorgänge so weit kennen!) To locate heißt u.a. ausfindig machen, was hier nicht stimmt, denn die set screw sitzt bereits in der Bohrung der Zahnradnabe, der Monteur muß sie also nicht erst ausfindig machen. Er muß sie allerdings *an ihren Platz bringen*, da der Sitz des Zahnrads nicht willkürlich gewählt werden kann. Das Wort locate bedeutet also in diesem Fall: *an die vorgesehene Stelle bringen.* An dieser Stelle ist das Zahnrad festzuhalten, bis die set screw festgedreht ist. In unserem Satz steht screwed home, was ganz einwandfrei Werkstattsprache ist; es heißt einfach *eindrehen, bis es nicht mehr weiter geht.* Der Satz wird also übersetzt: *Das Zahnrad festhalten, bis die Feststellschraube an ihrem vorgesehenen Sitz bis zum Anschlag eingedreht ist.* Das Wort *whilst* übersetzen wir nicht mit *während*, sondern mit *bis*, weil in dem *während* ein zu ungenauer Zeitraum ausgedrückt wird; diese Zeitspanne endet jedoch sofort, wenn die set screw festsitzt.

In unserem Satz könnte anstelle von *screw home* auch *torque screw* stehen. Auch dieses Wort torque ist ursprünglich ein Substantiv, das in der shop language als Verb gebraucht wird. Torque = *Drehmoment* wird in Newton-Meter (Nm) angegeben. Ein einwandfreier Satz müßte lauten: Tighten screw with a torque of 24.5 Nm. In der shop language wäre das: *Torque screw to 24.5 Nm*. Beide Versionen heißen auf Deutsch: *Schraube mit einem Drehmoment von 24,5 Nm festdrehen*. Im extremen Fall kann aber auch im Englischen stehen: Torque screw. Das können Sie nicht übersetzen mit: Schraube drehmomenten, sondern nur mit Schraube festdrehen. Das heißt also: Steht im englischen Text torque ohne Drehmomentwert, können Sie immer nur mit *festdrehen* übersetzen, noch nicht einmal mit „mit Drehmomentschlüssel festdrehen", denn die Angabe des Drehmoments fehlt.

Nehmen wir noch ein Beispiel für Sätze, die Sie nur dann richtig übersetzen können, wenn Ihnen der technische Vorgang klar ist. Lower the filter bowl clear and discard the fuel therein. Es handelt sich hier um das Auswechseln eines Kraftstofffilters, und zwar um einen hängend montierten, was Sie an dem lower erkennen sollten. Genau genommen ist der ganze Satz nicht gut, obwohl er in einer offiziellen Vorschrift steht. Mit to lower clear ist gemeint, den Filterbehälter (filter bowl) *nach unten abziehen, bis er freikommt*. In dem Wort *clear* ist dazu noch verborgen: *...und herausnehmen*. Jetzt haben wir noch das einwandfrei falsch gewählte Verb discard, das man bei Flüssigkeiten nicht gebrauchen sollte. Außerdem liegt der bei Kraftstoff ganz sicher nicht angebrachte Sinn des *achtlosen* Wegschüttens darin. Sie würden den Satz am besten so übersetzen: *Filterbehälter nach unten herausnehmen und den darin befindlichen Kraftstoff ausschütten*.

Zum Abschluß dieses Teils betrachten wir uns noch einige Beispiele für eine im Englischen beliebte Eigenart, die einem Neuling oft beträchtliche Schwierigkeiten bereitet. Ich meine das Aneinanderreihen von Wörtern zur Bezeichnung eines Begriffs, den wir oft nur mit einem Satz beschreiben können. Ein allgemein gültiges Rezept kann ich ihnen auch nicht verschreiben; doch sicher hilft Ihnen die Beschreibung, wie man an das Problem herangehen kann.

Wir wollen einfach beginnen. Sie lesen add-on unit. Das ist zunächst ein Gerät, wie sicher aus dem Text hervorgeht. Die nähere Definition des Geräts ist add-on oder — wie es eigentlich heißen müßte

— added-on = *hinzugefügt*. Was Sie sicher stört, ist die Präposition on, die streng genommen auch nicht hierher gehört, aber doch gebraucht wird, um das Anbauen zu verdeutlichen. Wir haben es also mit einem angebauten, hinzugefügten (added) oder zusätzlichen Gerät zu tun, kurz, mit einem *Zusatzgerät*.

Die filter forced air cooling ist auch recht schwierig zu übersetzen. Es geht auf jeden Fall um air cooling = *Luftkühlung* oder — wie wir im Deutschen sagen würden — Belüftung, was in der Technik meistens mit Kühlung gleichgesetzt wird. Eine forced air cooling bedeutet, daß ein Ventilator die Belüftung besorgt; es ist eine Zwangsbelüftung. Die filter forced air cooling müßte streng heißen *filtered* forced air cooling, also Zwangsbelüftung mit gefilterter Luft oder kürzer: *gefilterte Zwangsbelüftung*.

Bei einer Entwässerungsanlage werden liquid tight concrete tubs eingebaut, also Betonwannen! Es handelt sich aber um *besondere* Wannen, die *liquid tight* sind. Hier werden sie sicher zunächst stutzen, weil Sie bei liquid an flüssig denken. Flüssige Betonwannen gibt es nicht oder höchstens in der Herstellungsphase, wenn sie gegossen werden. Die zweite Möglichkeit ist dann liquid = *Flüssigkeit*. Das paßt schon besser, weil Sie Flüssigkeit und Wanne in einen logischen Zusammenhang bringen können. Fehlt noch *tight*. Hier liegt die Schwierigkeit, denn in der Technik bedeutet tight = *fest*, aber nicht im Sinne von Festigkeit. Ein tight fit ist in der Mechanik eine Festpassung. Die allgemeine Bedeutung von tight ist u.a. dicht; eine tight concrete tub ist also eine *dichte (undurchlässige) Betonwanne*. Wenn nun — wie in unserem Beispiel — noch liquid dabeisteht, dann muß es sich bei der Betonwanne um eine Wanne handeln, die keine Flüssigkeit durchläßt, also eine *flüssigkeitsdichte Betonwanne*.

Nun sollen Sie oil fill and level cap übersetzen, und wieder ist einiges Kopfzerbrechen völlig verständlich, denn der englische Autor hat mehrere grobe Fehler gemacht. Zunächst handelt es sich um eine cap = *Kappe*. Es ist aber eine *besondere* cap, nämlich eine oil fill ... cap. Hier steckt der erste Fehler: Eine Kappe ist ein Verschluß; wie soll man durch einen Verschluß Öl einfüllen? Die Kappe verschließt die Öffnung zum Öleinfüllen. Sie ist demnach die *Verschlußkappe des Öleinfüllstutzens*. Der zweite Fehler liegt darin, daß ein Verb und ein Substantiv mit *and* verbunden sind: oil fill and (oil) level = *Öl einfüllen und Ölstand*. Den Ölstand mißt man — wie wir natürlich wissen — mit einem Meßstab. Dieser ist hier demnach an der Kappe befestigt, wenn es auch aus der englischen Formulierung nicht ausdrücklich hervorgeht. Es bleibt keine andere Möglichkeit, weil man den Flüssigkeitsstand mit einer Kappe allein nicht messen kann. Die Übersetzung wäre also: *Verschlußkappe mit Meßstab des Öleinfüllstutzens*.

Zum Abschluß sollen zwei berühmte Beispiele nicht fehlen. Das erste ist der cotton pants manufacturer = *baumwollener Unterhosenfabrikant*. Pants sind *Unterhosen*, cotton pants sind *baumwollene Unterhosen*. Ein manufacturer ist ein *Fabrikant*, ein pants manufacturer ein *Unterhosenfabrikant*. Sie sehen, die unterschiedliche Zusammenziehung ergibt mehrere Entsprechungen. Hätte der Autor einen winzigen Strich gemacht, gäbe es kein Problem: cotton-pants manufacturer = *Hersteller baumwollener Unterhosen*. Das zweite Beispiel ist der 5-story building owner = *fünfstöckiger Hausbesitzer*. Ein 5-story building ist ein *fünfstöckiges Gebäude* oder Haus; ein building owner ist ein *Hausbesitzer*. Auch hier hätte ein kleiner Strich Klarheit gebracht: 5-story-building owner = *Besitzer eines fünfstöckigen Hauses*.

Lieber Leser, mit diesen Beispielen aus der englischen shop language wollen wir diesen Abschnitt schließen und noch einmal kurz auf die deutsche technische Ausdrucksweise zurückkommen. Wie gesagt, werden Beschreibungen in der dritten Person ausgedrückt, Anweisungen im Imperativ. Es heißt also „Die Mutter mit Draht sichern" und nicht „Die Mutter wird mit Draht gesichert" und schon gar nicht „Die Mutter wird mit Sicherungsdraht gesichert". Wenn die Mutter auf einem Bild gezeigt ist und vielleicht die Ortszahl 4 hat, schreiben wir *ohne* Artikel: „Mutter 4 mit Draht sichern". Englisch wäre das dann „Safety wire nut 4".

Kurz noch eine Erklärung des Begriffs Ortszahl. Alle technischen Vorschriften enthalten Bilder, von denen die Mehrzahl in auseinandergezogener Darstellung (Explosionszeichnung) gezeigt wird. Diese Bilder haben eine Legende, d.h. eine Auflistung der einzelnen Teile, die mit einer Zahl gekennzeichnet sind; diese Zahlen sind die Ortszahlen. Im Teil „Praxis" gehen wir darauf näher ein.

1.3.4 Handbücher

Technische Handbücher enthalten alles, was wir bisher behandelt haben. Wie ich schon sagte, gibt es keine einheitliche Form im zivilen Bereich der Industrie; Sie werden demnach auf die unterschiedlichsten Ausführungen stoßen, und ich kann Ihnen deshalb kein allgemein gültiges Rezept anbieten.

Naturgemäß variiert der Umfang von Handbüchern beträchtlich, denn einmal hängt er von dem darin behandelten Objekt ab und zum anderen auch davon, was der Hersteller, der auch Herausgeber des Handbuches ist, den Käufer des Objektes an Arbeiten ausführen läßt. Der Umfang dieser zulässigen Arbeiten bestimmt die Art des Handbuches. Wir unterscheiden Handbücher für

— Bedienung,
— Wartung,
— kleine Instandsetzung und
— Industrieinstandsetzung.

Hat der Hersteller die Absicht, nach dem Verkauf des Objektes auch noch als Lieferant von Ersatzteilen zu fungieren, dann gibt er auch noch einen Ersatzteilkatalog heraus.

Die Bezeichnungen der einzelnen Handbücher sagen Ihnen schon alles über den jeweiligen Inhalt. Allen gemeinsam ist die Beschreibung des Objekts. Der Umfang dieser Beschreibung ist allerdings dem Zweck des Handbuches angepaßt, d.h. im Bedienungshandbuch beschränkt die Beschreibung sich auf das Äußere, auf die Funktion, die Bedienteile und die technischen Daten, soweit sie für die Handhabung und Bedienung von Bedeutung sind.

Im Wartungshandbuch ist die Beschreibung auf die Teile und Baugruppen erweitert, die der Wartung unterliegen, und die einzelnen Wartungsschritte sind genau beschrieben. Verbrauchs- und Hilfsmittel sind genau spezifiziert, mögliche Ausweicherzeugnisse sind angegeben, und Ersatzteile, die ohne ein Zerlegen des Objekts ausgewechselt werden können, werden aufgezählt: Bedienknöpfe, Lampen, Kabel, Sicherungen usw.

Das Handbuch für kleine Instandsetzung ist wiederum eine Erweiterung des Inhalts. Jetzt wird auch das Zerlegen des Objekts beschrieben, soweit es auf dieser Ebene vom Hersteller vorgesehen ist. Zur Erleichterung sind Bilder enthalten, die in auseinandergezogener Darstellung die einzelnen Teile zeigen. Hier erscheinen wieder die Ortszahlen, die in der Legende vorkommen und im beschreibenden Text hinter dem jeweiligen Teil stehen, Bild 4:

> Mutter 1 abschrauben, Unterlegscheibe 2 abnehmen und Bolzen 3 nach unten herausziehen.

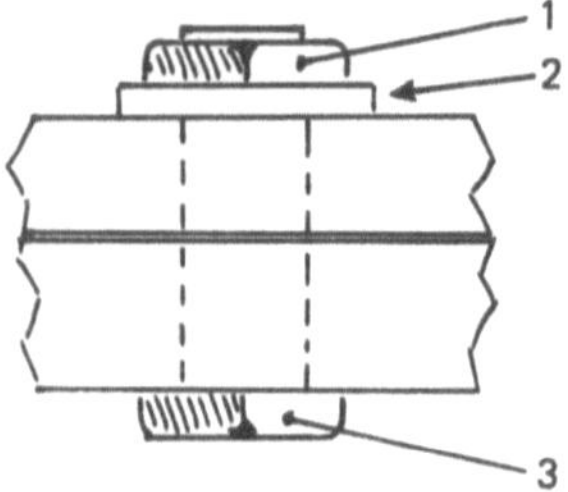

Bild 4. Ortszahlen

1 Mutter
2 Unterlegscheibe
3 Bolzen

In diesem Handbuch werden allerdings keine Instandsetzungsarbeiten beschrieben. Die kleine Instandsetzung ist noch immer lediglich auf das Auswechseln schadhafter oder abgenützter Teile beschränkt. Dieses Auswechseln kann Unterbaugruppen und Baugruppen umfassen. Im Englischen sind zwei Teile, z.B. ein Bedienknopf mit Feststellschraube, bereits eine *Unterbaugruppe* = subassembly. Eine *Baugruppe* = assembly wäre bei einer Schreibmaschine beispielsweise der Walzenwagen.

Da wir bei dem Handbuch für kleine Instandsetzung zumindest auf dem Papier das Objekt teilweise zerlegt haben, muß natürlich nach dem Wiederzusammenbau das Funktionieren gewährleistet sein. Dazu enthält das Handbuch Tabellen, mit deren Hilfe die Funktionen systematisch nacheinander geprüft werden, und diese Prüfungen werden auch genau beschrieben. Nehmen wir eine Waschmaschine als Beispiel: Hier kommen als auswechselbare Teile oder Baugruppen der Dichtgummi am Frontfenster, die Keilriemen des Trommelantriebs, die Trommel, die Heizstäbe, die Schaltelektronik usw. in Betracht. Die Funktion der Waschmaschine muß nach Abschluß der Arbeiten überprüft werden, und dazu dient der Abschnitt „Prüfungen“ im Handbuch.

Wenn wir gerade von Prüfungen sprechen, muß ich eine nicht weniger wichtige erwähnen: die Tabelle „Störungssuche und -beseitigung“. Sie wird bereits vom Benutzer des Objekts angewandt. Mit ihrer Hilfe wird festgestellt, wo ein Fehler liegt und wie man ihn vor Ort beseitigen kann (falls vorgesehen). Ist er durch Auswechseln eines Teiles zu beseitigen, kann dies auf der Ebene Wartung oder kleine Instandsetzung geschehen. Stellt das Gegenteil sich heraus, ist eine große Instandsetzung nicht zu umgehen.

Die Störungssuchtabelle umfaßt gewöhnlich die Spalten Symptom oder Failure (Störung), Probable cause (vermutliche Ursache), Maintenance check (Prüfung) und Remedy (Beseitigung). Die englischen Tabellen werden Ihnen sehr viel Kopfzerbrechen bereiten, weil sie — wie auch die deutschen — wegen der Tabellenform sprachlich möglichst kurz gehalten werden. Ich gebe Ihnen eine kleine Kostprobe, bei der es sich um eine fahrbare Lasthebebühne handelt, Tabelle 1.

Tabelle 1. Störungssuchtabelle.
Table 1. Troubleshooting.

Symptom	Probable cause	Maintenance check	Remedy
platform lowers immediately raise selection is terminated	platform lower selection permanently actuated	check solenoid X is not energized if energized check switch Y	replace if faulty

Hier könnte man schon von einer übertrieben gekürzten Form sprechen, die es dem Leser sehr schwer macht, auch nur zu erkennen, was gemeint ist. Da auch keine Satzzeichen vorhanden sind, könnten falsche Zusammenziehungen leicht sprachliche Verwirrung stiften und Sie vollends ins Schwimmen bringen. Unter Symptom Tabelle 1 wären möglich: Platform lowers/immediately raise selection/ oder platform lowers immediately/raise selection oder platform lowers/ immediately raise/ selection is terminated — und alle Möglichkeiten wären falsch! Auch in diesem Fall ist es unumgänglich für Sie, zumindest in groben Zügen zu wissen, um was es geht. Wenn Sie sich die Vorschrift durchlesen, müssen Ihnen die Funktion und die Bedienung des Geräts klar werden. Ohne diese Kenntnis wären Sie niemals in der Lage, eine technisch logische Übersetzung anzufertigen.

Es handelt sich um eine Lasthebebühne, wie sie zum Be- und Entladen von Stückgut gebraucht wird. Lasthebebühnen sind meistens hydraulisch betätigt. Sie haben sie auch sicher schon gesehen: an der Rückseite von Lastkraftwagen, auf Baustellen und auf Flughäfen. Bei unserem Beispiel geht es um eine selbstfahrende Lasthebebühne, wie sie auf Flughäfen zum Be- und Entladen von Flugzeugen eingesetzt wird. Der Fahrer bedient von seinem Sitz aus auch die Bühne, und zwar durch Drücken von Knöpfen. Mit Knopfdruck werden ein Magnetventil (solenoid) und ein Schalter (switch) betätigt, wodurch die Hebebühne sich entweder hebt oder senkt (den mechanischen Aspekt lassen wir weg). Soviel müssen Sie wenigstens von dem Vorgang verstehen. Die Bewegungsrichtung der Bühne (auf oder ab) wird *gewählt*, und damit haben wir den Schlüssel zum Rätsel: Die vermeintlichen Verben lower und raise sind adjektivisch gebraucht und beschreiben zwei Wahlmöglichkeiten, die raise selection und die lower selection, die wir nun umschreiben müssen. Es geht darum, vom *Vorgang* raise selection zum *Bedienteil* raise selection zu kommen.

Am Bedienpult unserer Lasthebebühne haben wir u.a. zwei Knöpfe, die mit RAISE (Heben) und LOWER (Senken) bezeichnet sind. Übersetzen wir den Text, wie er dasteht, müssen wir sagen: Hebebühne senkt sich sofort, wenn der Hebevorgang beendet ist: Nach unseren Überlegungen können wir jetzt technisch aber viel klarer und logischer sagen: *Hebebühne senkt sich sofort (wieder), wenn der Knopf HEBEN losgelassen wird.* Das Wort „losgelassen" ist nämlich wichtig. Bei einem Fahrstuhl werden die Knöpfe der gewünschten Stockwerke nur kurz gedrückt, und er Aufzug hält dort an. Bei der Hebebühne muß der Knopf HEBEN oder SENKEN gedrückt bleiben, bis die gewünschte Höhe erreicht ist, weil diese ja variieren kann. Jetzt verstehen Sie sicher auch, warum der englische Satz nicht gerade falsch, aber doch irreführend ist. Die anderen Sätze unseres Beispiels können wir jetzt auch besser verstehen.

Unter Probable cause würden wir sagen: Knopf SENKEN ist dauernd aktiviert (da er nicht gedrückt ist, hat er wahrscheinlich einen Kurzschluß). Unter Maintenance check: Magnetventil X prüfen; es muß stromlos sein. Die englische Formulierung check...is not werden Sie oft finden. Sie wird gewählt, weil man sonst sagen müßte: Check whether solenoid X is energized (or not). Dann müßte man aber hinzufügen: *it should not be.* All das vermeiden wir mit unserer Formulierung. Der zweite Satz unter Maintenance check lautet dann: *Liegt Spannung an, Schalter Y prüfen.* Unter Remedy heißt es: *Auswechseln, falls er schadhaft ist.*

Mit diesem kommentierten Beispiel möchte ich die Theorie über technische Handbücher abschließen. Ich hoffe, klargemacht zu haben, was Sie bei diesen Texten alles erwarten kann, und vielleicht haben Sie jetzt bereits erkannt, daß es immer eine Lösung gibt, sobald Sie — und das ist entscheidend — den technischen Vorgang verstanden haben.

1.3.5 Werbetexte

Diese Texte zu übersetzen, erfordert schon ein recht sicheres Gespür für die Zielsprache. Sie werden am Anfang sicherlich Schwierigkeiten haben. Zu deren Überwindung kann ich nur empfehlen, solche Texte immer wieder zu lesen und aufmerksam zu studieren. Achten Sie dabei darauf, wie das Wesentliche eines Objekts hervorgehoben wird. Dieses *Wie* richtet sich nach dem Zweck einer Werbung. Die Anlässe dafür können wir in zwei Hauptgruppen einteilen: Werbung für ein neues Objekt und Werbung für die Verbesserung eines bereits vorhandenen Objekts. Die zweite Gruppe läßt sich wieder unterteilen in Verbesserung der Arbeitsleistung, der Arbeitsdauer, der Sicherheit, des Kostenfaktors oder der Handhabung.

Sicherlich fragen Sie sich, warum ich diese allgemein bekannten Tatsachen aufzähle. Sie sind für den Übersetzer wichtig, weil der Tenor des Textes sich danach richtet. Nun haben Sie ja den Text wahrscheinlich nicht selbst zu entwerfen, sondern Sie übersetzen nur, was Ihnen vorgelegt wird. Aber — ich verrate jetzt kein Geheimnis — nicht alles, was man Ihnen vorlegt, ist unbedingt sprachlich gut. Konstruieren wir wieder ein Beispiel:

Ihr Betrieb, ein mittleres Instandsetzungsunternehmen, repariert unter anderem Spezialfahrzeuge und Motoren. Zu den Spezialfahrzeugen gehört auch ein Förderbandwagen, wie er vor allem auf Flughäfen zum Be- und Entladen von Handgepäck Verwendung findet. Eines Tages beschließt die Geschäftsleitung, ein eigenes Gerät zu bauen, das billiger ist als die anderen und auch einige technische Verbesserungen aufweist. Um es auf den Markt zu bringen und vor allem, um Käufer zu finden, muß eine Werbeaktion anlaufen. Bei solchen Geräten muß man international werben, und hier kommt der Übersetzer jetzt ins Bild. Der Werbetext geht in den meisten Fällen von der Geschäftsleitung zur Übersetzerabteilung, und dabei bleibt zu bedenken, daß es mit dem Übersetzen allein nicht getan ist, wenn der Aktion Erfolg beschieden sein soll.

Vor allen Dingen muß der Übersetzer das Gerät, in diesem Fall den Förderbandwagen, kennen; aber nicht nur den der eigenen Firma, sondern auch die der Konkurrenz. Wie Sie ja wissen, gehört zumindest zu jedem größeren Industrieerzeugnis die Dokumentation, i.e. die technischen Vorschriften, die sicherlich auch noch zu übersetzen sind. Aus diesen Vorschriften müssen die Arbeitsweise des Geräts, die besonderen Merkmale, kurz, die Verkaufsargumente hervorgehen, die mit denen der Fremdgeräte zu vergleichen sind. Das können sein: bessere Manövrierfähigkeit, ein leiserer Motor, ein längerer Ausleger, ein breiteres Band usw. Zu diesen technischen Argumenten kommen dann noch die kaufmännischen: ein günstigerer Preis, kürzere Lieferfristen, gute Zahlungsbedingungen usw.

Jetzt kommen wir wieder zum vorliegenden Werbetext. Prüfen Sie, ob er den geschilderten Voraussetzungen entspricht. Tut er es, ist es gut. Leider ist das jedoch nicht immer der Fall, und jetzt kommt das, was ich weiter oben bereits andeutete: Der Übersetzer darf den Text nicht selbständig ändern, sondern erst nach Rücksprache mit dem Verfasser. Diese Rücksprache wird nicht immer leicht sein. Die Argumente müssen schon hieb- und stichfest sein. Der Übersetzer kann einen Text in enger Anlehnung an das Original aufsetzen und darauf hinweisen, wie er im Englischen sein sollte; wenn möglich, nimmt er einige Muster mit.

Der Verfasser sollte nicht die Vorschläge einfach zurückweisen. Ideal ist es natürlich, wenn er selbst soviel Englisch kann, daß er ein sicheres Urteil abgeben könnte.

1.3.6 Kurze Hinweise auf Korrespondenz

Mit diesem Thema findet der theoretische Teil seinen Abschluß. Die Tatsache, daß wir die Korrespondenz am Schluß behandeln, bedeutet aber nicht, sie rangiere bei den Arbeiten des Übersetzers an letzter Stelle; im Gegenteil, sie dürfte wahrscheinlich eine Hauptrolle spielen. In einem großen Betrieb kommt es kaum vor, daß die Übersetzer für Technik auch die Korrespondenz erledigen, in einem kleinerem ist dies jedoch meistens der Fall. Es gibt allerdings auch Firmen, in denen mehrere Personen mit Fremdsprachen befaßt sind, die nicht immer als Übersetzer anzusprechen sind. Ist eine solche Firma imagebewußt, wird die Geschäftsleitung dafür sorgen, daß die Fremdsprachenerzeugnisse gleichmäßig gut sind, was auf eine bestimmte Konsolidierung hinauslaufen würde. Leider ist aber auch der gegenteilige Fall möglich (ich kenne Beispiele), wo keine zentrale Überprüfung durchgeführt wird, und so sind dann auch die einzelnen Übersetzungen.

Unter den Sammelbegriff Korrespondenz fallen alle in einem Betrieb vorkommenden Schriftstücke: Briefe, Angebote, Ausschreibungen, Verträge, Rechnungen usw. Die internationale Korrespondenz hat sich in ihrer äußeren Form sehr stark einander angeglichen, und genau wie bei uns ist auch im Englischen die antiquierte Kaufmannssprache verschwunden. Sachlichkeit ist jetzt überall vorherrschend. Eine Besonderheit bilden allerdings noch immer juristische Texte, die nach wie vor mit großer Sorgfalt zu behandeln sind. Bei Ausschreibungen und Verträgen ist also Vorsicht geboten, und auf keinen Fall dürfen Sie hier an irgendeiner Stelle des Textes raten und sich einbilden, es würde schon stimmen; Sie müssen sicher sein, daß es richtig ist.

Mit einer kurzen allgemeinen Betrachtung möchte ich den Teil „Theorie" schließen. Bis hierher habe ich versucht, Ihnen aufzuzeigen, was alles auf Sie zukommen kann. Sie werden mir zustimmen: Wenn der „kleine" Übersetzer, der ohne Hochschuldiplom seinen Beruf ausübt, all das beherrscht, was wir bisher theoretisch behandelt haben, dann kann er schon stolz sein auf sein Können und Wissen. Er kann seine Arbeit ohne den berüchtigten Streß ausführen und auch ohne Sorge um seinen Arbeitsplatz. Im Gegensatz zu vielen anderen Bürotätigkeiten kann seine Arbeit nicht so schnell von einer Maschine übernommen werden. Die Arbeiten auf dem Gebiet der Entwicklung von Sprachen-Computern sind schon erstaunlich weit gediehen, doch die Tätigkeit des Übersetzers wird noch lange nicht zu ersetzen sein, ganz zu schweigen von der eines Übersetzers in kleinen und mittleren Betrieben.

An die leitenden Personen in Betrieben möchte ich mich mit der Bitte wenden (und auch hier spreche ich aus bitterer Erfahrung): Betrachten Sie die Übersetzer nicht nur als Kostenfaktor im Betrieb. Das Image einer Firma wird auch von ihren fremdsprachigen Erzeugnissen bestimmt. Achten Sie auf gute Ausstattung der Übersetzerplätze mit Wörterbüchern, Lexika und Fachzeitschriften. Sorgen Sie dafür, daß der oder die Übersetzer in den Betrieb gehen, um die jeweiligen technischen Vorgänge kennenzulernen. Falls der Betrieb mehrere Übersetzer beschäftigt, sollten Sie nicht zögern, einen Überprüfer zu beschäftigen, der für einheitliche Qualität der fremdsprachigen Erzeugnisse sorgt.

2. Praxis

2.1 Einführung

Jetzt kommen wir zur praktischen Arbeit, aber auch hier kann ich Ihnen, lieber Leser, einige einleitende Seiten nicht ersparen. Dieser Teil des Buches ist natürlich etwas schwierig (für mich!), weil Sie nicht die Möglichkeit haben, bei auftretenden Problemen zu fragen. Das bedeutet, ich muß die jeweiligen Fragen erahnen und auch gleich klären. Seien Sie aber bitte nicht entrüstet, wenn Sie eine Erklärung lesen müssen, die *Sie nicht* brauchen; ein anderer ist vielleicht dankbar dafür. Nutzen werden Sie in jedem Fall daraus ziehen können, und sei es nur eine Vertiefung Ihres Wissensstandes.

Wir wollen jetzt nicht mehr nur lesen, sondern die Texte miteinander durcharbeiten. Ich möchte vorschlagen, daß Sie den englischen Text schriftlich übersetzen. Sie haben dann die Möglichkeit, Ihren Text mit meinem zu vergleichen. Ich bin nicht so vermessen zu behaupten, die Passagen, bei denen ich vom Original abgewichen bin, seien die einzig richtigen. Es ist ohne weiteres möglich, daß Sie eine andere Formulierung finden. Natürlich muß aber der jeweils vollständige Inhalt der Aussage vorhanden sein.

Die Ausgangstexte sind „am Stück“ gedruckt und weisen am linken Rand Zahlen im Fünfersprung auf: Das macht es mir leichter, wenn ich Ihnen sage: „Betrachten Sie die Satzkonstruktion in Zeilen 5 bis 8“ oder „schlagen Sie das Wort bottoming in Zeile 7 nach“. Meine Anleitungen folgen dem Originaltext, wobei wir immer wieder darauf Bezug nehmen. Ich sagte in der Einführung zur „Theorie“ bereits, daß wir übliche Englischkenntnisse voraussetzen, d.h. auf einen Satz, wie Dual relief valve assemblies are optional gehe ich nicht näher ein. Allerdings ist er nach Abschluß der Übersetzungshinweise im Schlußtext, der nach jedem Beispiel steht, enthalten.

In jedem Abschnitt werden wir zunächst Englisch ins Deutsche übersetzen und danach Deutsch ins Englische. In beiden Sprachen weicht die Ausdrucksweise des Wissenschaftlers und Technikers teilweise beträchtlich von der Alltagssprache ab. Technische Ausdrücke sind für Fachleute in Wirklichkeit Symbole, mit denen sie ihre Ideen und

Gedankengänge mit großer Präzision mitteilen und festlegen. Es ist gefährlich, einen solchen Ausdruck *erraten* zu wollen. Etymologische Ableitungen können oft eine Hilfe sein. Es ist aber ebenso gut möglich, daß sie irreführend sind. Eine Vielzahl von technischen Ausdrücken, Überbleibsel aus Tagen, da viele Vorgänge noch nicht klar waren oder gar falsch verstanden wurden, sind aus diesem Mißverständnis heraus gebildet worden, z.B maria (Pl. von mar), die dunklen Flecken auf dem Mond, die gar keine Meere sind, sondern trockene Ebenen; oder legal Ohm, eine Einheit für elektrischen Widerstand, festgesetzt auf dem Internationalen Elektrikerkongreß in Paris im Jahr 1884, die jedoch niemals gesetzlich bestätigt worden ist; gleichfalls auch die Namen vieler Mineralien.

Ich habe am Anfang zwar gesagt, ich würde mit Ihnen keine Grammatik betreiben, doch auf ein paar Kardinalfehler, die bei Übersetzungen ins Englische immer wieder gemacht werden, muß ich Sie doch hinweisen.

2.1.1 Die deutschen Wörter *ferner, außerdem, noch dazu* usw. werden oft mit dem englischen Wort furthermore wiedergegeben. Dieser Ausdruck sollte vermieden werden. Bessere Übersetzungen sind moreover, in addition usw.

2.1.2 Der englische Infinitiv wird häufig falsch gebraucht. Folgende Hinweise sind vielleicht hilfreich:

Falsch

> This arrangement allows to pick up moving objects.
> Mr. Beck suggested to use the ... .
> He recommends to start at the beginning.

Richtig

> This arrangement allows moving objects to be picked up.
> Mr. Beck suggested using the ... .
> He recommends starting at the beginning.

Der Infinitiv kann gebraucht werden, sobald er ein Subjekt besitzt, so daß es richtig wäre zu sagen:

This arrangement allows the operator to pick up moving objects.
He recommends me to start at the beginning.

2.1.3 *Auf Grund von ...* sollte man nicht übersetzen mit „On the strength of ...“ sondern besser On the basis of....
By the aid of ...ist falsch; richtig wäre With the aid of... (aber siehe unten!)

Die Länge der Strecke beträgt 6 km nicht mit *The distance amounts to 6 km* übersetzen, sondern einfach The distance is 6 km.

2.1.4 Viele zusammengesetzte Wörter werden im Deutschen mit „Meß..." gebildet. Sie können im Englischen nicht immer mit „measuring" übersetzt werden.

Beispiel	Richtige Übersetzung
Meßbatterie	test battery
Meßergebnisse	test results, measurements
Meßverfahren	test (test procedure)
Meßwerte	test values, measurements
Meßobjekt	test specimen
Meßsonde	test probe
Meßgerät	measuring instrument

2.1.5 Folgende Ausdrücke können besser gewählt werden:

Schlecht	Besser
application	use
as well as	and
by means of the use of	using
initiate	begin, start, introduce
in order to	to
in the course of	in, within, during
in the next years	in the years to come
in these days	recently oder lately
realize	accomplish, effect, achieve
the machine allows to save	the machine will save
together with	and
utilization	use
with the aid of	with
with the aim of	to

2.1.6 Noch einige Fehlerquellen:

economic = *wirtschaftlich* ist das Adjektiv von *economics* und *economy*
economical = *sparsam* ist das Adjektiv von *economy*
a change *of* = *Austausch* oder *vollständige Änderung*
a change *in* = *Änderung* (unvollständig)

research und success immer in der Einzahl gebrauchen.

experiments, data, statistics, information werden mit *on* gebraucht,

tests, studies mit *of* oder *on* gebrauchen,
research mit *on* oder *into* gebrauchen,
investigations mit *of* oder *into* gebrauchen.
Man sagt: a method *of* increas*ing*, auf keinen Fall a method *to* increase.

Bei models, machines, prototypes sagt man, sie werden *developed*,
plans, blueprints, designs werden *drawn up* oder *drafted*,
schemes, systems, methods werden *worked out*.

apparatus und equipment nicht im Plural gebrauchen.

Kontrollieren mit check übersetzen; control bedeutet den Verlauf eines Vorgangs steuern (auch: to govern oder monitor).

Etwas wird checked for (Schäden, Ausfall usw.)

Bei bestimmter Zeit sagt man: the plant produced,
bei unbestimmter Zeit: the plant has produced.
Bei allgemeiner oder gewohnheitsmäßiger Tätigkeit sagt man: he produces,
bei bestimmter gegenwärtiger Tätigkeit: he is producing.

Soweit einige grammatikalische Hinweise. Weitere Besonderheiten werden Sie im Teil „Spezialitäten" finden.

2.2 Kurzbeschreibungen technischer Geräte

Die Texte in diesem wie auch in allen anderen Abschnitten sind Originale. Firmennamen und Typen oder Modellbezeichnungen sind verändert, da sie für unsere Zwecke keine Rolle spielen.

Kurzbeschreibungen finden Sie gewöhnlich in Fachzeitschriften oder Messekatalogen. Mit ihnen werden Erzeugnisse angepriesen.

2.2.1 Englisch — Deutsch

2.2.1.1 Electrical Winch for Motor Vehicles

This electrical winch is designed to be mounted on motor vehicles and is powered by the 12-V-battery of the vehicle. It has an effective power of 1500 kg, which for a load on wheels corresponds to pulling a weight of 6.3 t up a 15° slope. The winch features an overload protection and a manual clutch for fast cable unwinding when not under load. It has a capacity of 20 m of 9 mm diameter cable.

Die Überschrift ist klar. Der erste Satz (Zeile 1 ff.) erklärt die Überschrift noch näher. Er müßte genau übersetzt lauten: „Diese elektrische Winde ist dazu ausgelegt, an Motorfahrzeugen angebaut zu werden, und wird von der 12-V-Batterie des Fahrzeugs angetrieben". Der Satz klingt nicht gut, und die Winde wird auch nicht von der 12-V-Batterie angetrieben, sondern die Batterie liefert nur den Strom für den Motor. Der Satz sollte lauten: *Diese Elektrowinde für den Anbau an Motorfahrzeugen erhält den Strom vom 12-V-Bordnetz des Fahrzeugs.* Auch der nächste Satz (Zeile 2 ff.) ist im Original bereits nicht gut. Übersetzt lautet er: „Sie (die Winde) hat eine effektive Antriebskraft von 1500 kg (14700 N), was bei einer Last auf Rädern dem Zug eine Masse von 6,3 t auf einer Schräge von 15° entspricht". Auch nicht schön! Besser würde er lauten: *Ihre (der Winde) effektive Antriebskraft beträgt 14700 N, was der Zugleistung einer Masse von 6,3 t auf Rädern auf einer 15°-Neigung entspricht.* The winch features... (Zeile 4) übersetzen wir mit *die Winde hat einen Überlastschutz...* Wir können in der Technik ruhig sagen „haben" und „hat" anstelle von „weist auf" oder „besitzt" oder „enthält". Was jetzt in Zeile 5 kommt, ist völliger Unsinn: „a manual clutch" also eine Handkupplung. So etwas darf Ihnen nicht unterlaufen. Die Winde hat eine Kupplung — gut — und diese kann jetzt entweder von Hand oder durch einen mechanischen Antrieb betätigt werden. Im Auto tut dies beispielsweise das Kupplungspedal.

Sie müssen in unserem Beispiel sagen: ... *und eine von Hand betätigte Kupplung.* Der Satz enthält einen weiteren schweren Fehler. Lesen Sie ihn bitte noch einmal langsam nach: „... a manual clutch for fast cable unwinding when not under load;". Auf was beziehen Sie das „under load"? Sprachlich müßten Sie es auf manual clutch beziehen, denn for fast cable unwinding erläutert lediglich, für was die Kupplung da ist. Spätestens jetzt muß Ihnen klar sein, wie alles technisch zusammenhängt: Die Windenvorrichtung besteht aus E-Motor, Getriebe und Kabeltrommel; zwischen Getriebe und Trommel sitzt die Kupplung. Denken wir jetzt weiter technisch: Ein Abrollen des Seiles (cable unwinding) wäre theoretisch auch möglich, wenn die Winde nicht nur ziehen, sondern auch ablassen, also eine Last die Neigung hinunterrollen lassen könnte. Das wiederum wäre aber mit ausgerückter Kupplung kontrolliert unmöglich. Das not under load muß sich also auf das cable beziehen. Wir übersetzen demnach: *...eine von Hand betätigte Kupplung für schnelles Abrollen des unbelasteten Seiles.* Am Schluß haben wir noch einen ungenauen Satz (Zeile 6): It has a capacity of... — sehr schlecht! Das *it* dürfte nicht dastehen, weil es technisch ungenau ist. Es müßte richtig heißen: The *drum* has a capacity of ... . Wir können aber alles elegant umgehen, indem wir sagen: *Die Trommel kann ein 20 m langes 9-mm-Seil aufnehmen.*

So, jetzt haben wir eine gute und technisch einwandfreie Übersetzung:

Elektrowinde für Motorfahrzeuge

Diese Elektrowinde für den Anbau an Motorfahrzeugen erhält ihren Strom vom 12-V-Bordnetz des Fahrzeugs. Ihre effektive Antriebskraft beträgt 14700 N, was der Zugleistung einer Masse von 6,3 t auf Rädern bei einer 15°-Neigung entspricht. Die Winde hat einen Überlastschutz sowie eine von Hand betätigte Kupplung für schnelles Abrollen des unbelasteten Seiles. Die Trommel kann ein 20 m langes 9-mm-Seil aufnehmen.

2.2.1.2 Industrial Robot Automates Assembly Operations

The robot repeatedly positions an object to an accuracy of $\pm$ 0.1 mm. Occupying little more space than a human worker it has 5 revolute axes. Load capacity of the robot is 4 kg which includes the end effector. Arm tip velocity is 1 m/sec with maximum load. Microprocessor-controlled servos position the arm of the robot which is taught a program by either a teach module or optional computer terminal.

Industrieroboter automatisiert Montagearbeiten. Die Überschrift ist eindeutig. Der erste Satz (Zeile 1) ist aber bereits ungeschickt: Auf den ersten Blick könnte man ihn dahingehend auffassen, daß der Roboter einen Gegenstand (an object) wiederholt (repeatedly) mit einer Genauigkeit von $\pm$ 0,1 mm in die richtige Lage bringt (positions). Das ergibt natürlich keinen Sinn. Gemeint ist etwas ganz anderes. Der Roboter ergreift in Folge jeweils einen Gegenstand und setzt diesen mit der angegebenen Genauigkeit an einem bestimmten Platz ab, ehe er den nächsten aufnimmt. Wir müssen also übersetzen: *Der Roboter montiert Teile regelmäßig mit einer Genauigkeit von $\pm$ 0,1 mm am vorgesehenen Platz.* In Zeile 2 ff. geht es wörtlich weiter: „Wenig mehr Raum einnehmend als ein menschlicher Arbeiter, hat er fünf Drehachsen".

Der englische Ausdruck revolute (Zeile 2/3) ist ein ganz grober Schnitzer. Dieses Adjektiv wird hauptsächlich in der Biologie gebraucht und heißt gerollt oder zusammengerollt. Hier hätte *revolving* stehen müssen. Der menschliche Arbeiter ist auch nicht schön, so daß wir den ganzen Satz (Zeile 2 ff.) besser so übersetzen: *Er (der Roboter) nimmt wenig mehr Raum ein als ein Arbeiter und bewegt sich um fünf Achsen.* Weiter geht es (Zeile 3): „Die Tragfähigkeit des Roboters beträgt 4 kg". „Which includes the end effector". Der Nebensatz ist überflüssig. Wenn der Endgreifer (end effector) nicht 4 kg tragen könnte, dann wäre die Tragfähigkeit sowieso nicht 4 kg. Der Nebensatz kann also wegfallen, und wir übersetzen den Satz (Zeile 3 ff.) einfach: *Die Tragfähigkeit des Robotergreifers beträgt 4 kg.* Aus arm tip velocity machen wir: *Die Drehgeschwindigkeit des Greiferarms beträgt 1 m/s bei maximaler Last.* Weiter mit dem Satz (Zeile 5 ff.) *Von Mikroprozessoren gesteuerte Servomotoren bewegen den Roboterarm.* Und jetzt kommt ein technisch dummer Satz: ...which is taught a program ... (Zeile 6 ff.). Dem Roboter wird nicht ein Programm gelehrt (taught), sondern er wird *programmiert* oder ihm wird ein Programm eingegeben. Und dann auch nicht mit einem teach module, sondern höchstens einem teaching module (Lehrmodul) oder wahlweise einem Computerterminal.

Die ganze Übersetzung würde jetzt lauten:

Industrieroboter automatisiert Montagearbeiten

Der Roboter montiert Teile regelmäßig mit einer Genauigkeit von $\pm$ *0,1 mm am vorgesehenen Platz. Er nimmt wenig mehr Raum ein als ein Arbeiter und bewegt sich um fünf Achsen. Die Tragfähigkeit des Robotergreifers beträgt 4 kg. Die Drehgeschwindigkeit des Greiferarms ist 1 m/s bei maximaler Last. Von Mikroprozessoren gesteuerte Servomotoren bewegen den Roboterarm, der entweder mit einem Lehrmodul oder wahlweise mit einem Computerterminal programmiert wird.*

2.2.1.3 Nader Couplings

They have a reputation for dependability, good performance, and extraordinarily long life. This reputation has been gained over years of successful operation in the steel, mining, and marine industries. The flexible rubber block couplings absorb vibrations, prevent shock loading and compensate for shaft misalignment.

Nader couplings need not be lubricated. Compressed rubber blocks are designed to provide the correct resilience and damping for smooth and silent operation. The unique design is non-conductive, spark-free, and sound attenuating. No springs to fatigue, no teeth to wear, no backlash.

Ask for further information.

Hier haben wir ein Beispiel für eine knappe und doch klare Aussage. Eigentlich müßte sie nicht diskutiert werden, und das noch viel weniger, wäre ein Bild dabei. Das lasse ich, wie bei den anderen Beispielen, absichtlich weg.

Ich bin überzeugt, die meisten Leser der Überschrift werden an eine Kupplung denken, zumal sie diese Entsprechung u.a. im Wörterbuch bei coupling finden. Doch schon in den Zeilen 4 ff. werden sie unsicher, wenn sie flexible rubber blocks lesen. Danach scheint der Begriff Kupplung, mit dem wir eine ganz bestimmte Vorstellung verbinden, nicht mehr geeignet zu sein. Wir müssen also einen anderen Ausdruck suchen, falls wir jetzt wissen, um was es geht: Diese couplings sind *Verbindungsstücke zwischen zwei sich drehenden Systemen*; sie schlucken Schwingungen (absorb vibrations), verhindern Stoßbelastungen (shock loading) und kompensieren Fluchtungsfehler von Wellen (shaft misalignment).

Die correct resilience (Zeile 7) wird etwas schwer zu übersetzen sein, da es schon im Englischen nicht gut ausgedrückt ist. Unter resilience oder resiliency finden Sie keine passende Entsprechung. Sehen Sie aber weiter unter resilient nach, finden Sie in einem technischen Wörterbuch *resilient coupling = elastische Kupplung oder Verbindung*. Hier wäre es nun zu empfehlen, vom Text wegzugehen und die correct resilience mit erforderlicher Elastizität wiederzugeben. Die nächsten Zeilen (8 ff.) sind wieder klar bis auf den Schluß. Die Formulierung No springs to fatigue (Zeile 10 ff.) usw. sind in unserem Fall *nicht* mit „keine Federn, die man ermüden könnte; keine Zähne, die man abnützen könnte; kein Rückschlag" zu übersetzen. Hier muß es heißen: *Keine Federn, die ermüden können; keine Zähne, die sich abnützen können; kein Rückschlag.* Die letzte Zeile (12) ist klar.

Die ganze Übersetzung lautet:

Nader-Verbindungsstücke

Sie sind bekannt für Zuverlässigkeit, gute Funktion und außergewöhnlich lange Lebensdauer. Dieser Ruf wurde in Jahren erfolgreichen Betriebes in der Stahl-, Bergbau- und Schiffbauindustrie errungen.

Die flexiblen Verbindungsstücke mit Gummiblöcken schlucken Schwingungen, verhindern Stoßbelastungen und kompensieren Fluchtungsfehler von Wellen.

Nader-Verbindungsstücke müssen nicht geschmiert werden. Die komprimierten Gummiblöcke sind so ausgelegt, daß sie die erforderliche Elastizität und Dämpfung für einen reibungslosen und ruhigen Betrieb bieten. Die ein-

malige Konstruktion ist nichtleitend, funkenfrei und schalldämpfend. Keine Federn, die ermüden können; keine Zähne, die sich abnützen können; kein Rückschlag.

Fordern Sie weitere Informationen an.

2.2.1.4 Magnetic Coupling Pumps

Magnetic coupling pumps are self-priming. Completely made of injected polypropylene, these magnetically coupled pumps can handle corrosive liquids. Four models are available. The outputs range from 1 to 15 m^3/h, the HP from .25 to 1.50, operating pressures from 1 to 2 bar.

Das vierte Beispiel ist wieder etwas irreführend. Sie werden über die Überschrift bereits stolpern. Magnetic coupling pumps würden Sie ohne Zögern mit magnetische Kupplungspumpen übersetzen, und das ist natürlich Unsinn. In Zeile 2 lesen wir die richtige Ausdrucksweise: magnetic*ally* coupled, also magnetisch gekoppelt. Würde die Überschrift einen Bindestrich enthalten: magnetic-coupling pumps, dann wäre die Übersetzung gleich richtig zu finden: *Pumpen mit Magnetkupplung*. Der zweite Satz (Zeile 1 ff.) fängt mit einem unglaublichen Fehler an: injected polypropylene. Hier hilft Ihnen nur ein Wörterbuch, etwas Nachdenken oder eine Anfrage bei einem Fachmann. Sehen Sie unter *inject* nach, finden Sie für eine technische Entsprechung: *einspritzen*. Unter dem Substantiv injection lesen Sie (wieder für Technik): *Einspritzung*. Wenn Sie jetzt an die Verbindung von Kunststoff (Polypropylen) mit Einspritzung denken, muß als Eingebung folgen: aha, *Spritzguß-Polypropylen*! Der Rest ist wieder klar.

Die vollständige Übersetzung lautet:

Pumpen mit Magnetkupplung

Pumpen mit Magnetkupplung sind selbsttätig ansaugend. Vollständig aus Spritzguß-Polypropylen hergestellt, können diese magnetisch gekoppelten Pumpen korrodierende Flüssigkeiten bewegen. Vier Modelle stehen zur Verfügung. Die Förderleistungen betragen von 1 bis 15 m^3/h, die Nutzleistungen von 0,18 bis 1,10 kW, die Betriebsdrücke von 1 bis 2 bar.

2.2.2 Deutsch-Englisch

2.2.2.1 *Kühlpumpe für Dieselmotoren*

Ein Hochleistungsgerät, ausgelegt als selbsttätig ansaugende Kreisel-

pumpe. Die Pumpe kann je nach Bedarf auf verschiedene Art und Weise angebaut werden, wobei der Antrieb entweder über Welle, Keilriemen oder durch einen Elektromotor erfolgen kann. Die Fördermenge beträgt bis zu 200 m³/h. An Bord kann die Pumpe auch zum Auspumpen des Bilgenwassers eingesetzt werden.

Die Kühlpumpe ist für schwierigen Dauerbetrieb ausgelegt und daher äußerst zuverlässig. Sie erfordert ein Minimum an Wartung.

Man kann die Überschrift richtig übersetzen mit Cooling Pump for Diesel Engines. Doch besser wäre die typische anglo-amerikanische Methode der Aneinanderreihung von Wörtern: Diesel Engine Cooling Pump. Im ersten Satz (Zeile 1 ff.) wird es jetzt schon etwas schwieriger. Zunächst übersetzen wir High-capacity unit designed as..., und jetzt werden wir wohl nachsehen müssen: *selbsttätig ansaugende Kreiselpumpe*. Ist ein gutes Wörterbuch vorhanden, schauen Sie unter *Kreiselpumpe* nach und finden centrifugal pump. Bei der näheren Definition muß dann auch *selbsttätig ansaugende*... stehen, nämlich self-priming und das Ganze ist dann die *self-priming centrifugal pump.*

Es wäre aber möglich, daß keine vollständige Entsprechung zu finden ist; dann müssen wir folgendermaßen vorgehen: Zunächst schauen wir Deutsch-Englisch unter *Kreiselpumpe* nach; wir finden *centrifugal pump*. Dann suchen wir *selbsttätig* und finden *self-acting*. Schließlich suchen wir noch *ansaugen* und stoßen auf: *eine Pumpe ansaugen* = to prime. Wenn Sie nun anstelle des self-*acting* self-*priming* setzen (*to prime* ist ja ein *acting*!), haben Sie ebenfalls die self-priming centrifugal pump. Und der ganze Satz (Zeile 1) lautet jetzt: A high-capacity unit designed as a self-priming centrifugal pump.

Den Satz (Zeile 2 ff.) werden wir am besten teilen: The pump can be mounted in different ways, depending on requirement. Den zweiten Teil nehmen wir als selbständigen Satz: It may be driven either by shaft, belt, or by an electric motor. Wenn Sie in Ihrem Wörterbuch nach *Fördermenge* sehen, finden Sie neben *quantity delivered* den Hinweis auf *Förderleistung*. Sie sehen also dort nach und lesen für eine Pumpe den Ausdruck delivery. Wir sagen also: Delivery amounts to as much as 200 m³/h. Und weiter (Zeile 5): On board the pump may be used for removing the bilge water.

Den Satz in Zeile 7 und 8 können wir auch teilen, um die Aussage prägnanter zu machen: The cooling pump is built for heavy continuous operation. It is extremely reliable.

Die vollständige Übersetzung lautet nun:

A Diesel Engine Cooling Pump

A high-capacity unit designed as a self-priming centrifugal pump. The pump can be mounted in different ways depending on requirement. It may be driven either by shaft, belt, or by an electric motor. Delivery amounts to as much as 200 m³/h. On board the pump may be used for removing the bilge water.

The cooling pump is built for heavy continuous operation. It is extremely reliable. A minimum of maintenance is required.

2.2.2.2 *Heißluftgebläse*

Es gibt kaum etwas, was das flammenlose Heißluftgebläse von Schulz nicht kann:

* *Schläuche schrumpfen, Kleber aktivieren, Kunststoffe weichmachen, formen, schweißen und härten, Folienverpackung schrumpfen, Farben und Lacke lösen, Fußbodenbelag weichmachen, Kühlschränke abtauen, gefrorene Rohrleitungen auftauen, verrostete Schrauben lockern, nasse Oberflächen trocknen.*

* *Hunderte von anderen Arbeiten schneller, besser und sicherer ausführen.*

* *eine schnelle, bewegliche, flammenlose Hitze von 40 bis 540* °C liefern. Vier Modelle je nach gewünschtem Hitzebereich sind lieferbar.

* Gefahr durch offene Flamme sowie Schaden durch schwankende Temperaturen vermeiden.

Da die wohl üblichste Form des Heißlüfters einer Pistole ähnelt, hat sich im Englischen die Bezeichnung *heat gun* eingebürgert. So haben wir es hier mit einer flameless heat gun zu tun.

Der Rest dieser klaren Aussage ist relativ einfach. Im ersten Satz (Zeile 1 ff.) wollen wir wieder an die englische Formulierung denken: The Schulz Flameless Heat Gun. Die kurzen Formulierungen übernehmen wir auch im Englischen und erhalten folgende Übersetzung:

Heat Gun

There ist hardly anything that the Schulz Flameless Heat Gun cannot do:

* shrink tubing, activate adhesives, soften, mold, weld, and cure plastics, shrink film packaging, remove paints and varnishes, soften floor

tiles, defrost refrigerators, thaw frozen pipes, loosen rusted screws, dry wet surfaces.

* perform hundreds of other jobs faster, better and safer.
* furnish a fast, portable, flameless heat from 40 to 540 °C. 4 models are available, depending on heat range desired.
* prevent danger from open flame and damage caused by fluctuating temperatures.

2.2.2.3 *Digital-Thermometer*

Das Digital-Thermometer mißt auch die Luftfeuchtigkeit. Von einem starken verkapselten Ventilator wird die Luft über zwei Temperaturfühler mit Präzisionsanpassung gesaugt, von denen einer die Trockenlufttemperatur und der andere, ausgestattet mit einem angefeuchteten Docht, die Feuchttemperatur mißt. Beide Signale werden so verarbeitet, daß sie automatisch eine direkte Anzeige der relativen Feuchtigkeit geben. Ein gesonderter Fühler ist verfügbar zur Messung der Raumtemperatur, so daß Taupunktbestimmungen möglich sind. Das Gerät hat einen Anzeigebereich von - 30 °C bis + 120 °C. Es funktioniert mit wiederaufladbaren Batterien.

Auch diese Kurzbeschreibung ist relativ einfach. Den ersten Satz (Zeile 1) können wir übersetzen, wie er ist. Den zweiten (Zeile 1 ff.) drücken wir jedoch besser aktiv aus: A powerful sealed fan draws the air across two... Jetzt denken wir wieder an die englische Vorliebe für Wortkettenbildung und sagen nicht (Zeile 2 ff.): two temperature sensors with precision matching, sondern: *two precision matched temperature sensors*. Die vollständige Übersetzung lautet:

Digital Thermometer

The digital thermometer also measures humidity. A powerful sealed fan draws the air across two precision matched temperature sensors, one of which measures the dry air temperature and the other, fitted with a moistened wick, measures the wet temperature. The two signals are then processed to automatically give a direct readout of the relative humidity. A separate probe is available for measuring the ambient temperature, so that dewpoint determinations are possible. The instrument has a readout range of from - 30 °C to + 120 °C. It operates with rechargeable batteries.

2.2.2.4 *Rohrschneidevorrichtung für Asbest und Beton*

Mit dieser Vorrichtung ist es möglich, Asbest-, Beton- und Kunststoff-

rohre schnell, rechtwinklig und ohne Bruch zu schneiden. Die Vorrichtung schneidet Rohre von 50 bis 200 mm. Sie ist mit einem Elektromotor ausgestattet, dessen Drehzahl 1300 min^{-1} *beträgt, bei einem Schneidvorschub von 0,30 mm je Umdrehung. Die Werkzeugdrehzahl ist 80 min*$^{-1}$

Zum Schluß der Kurzbeschreibungen noch eine klare, einfache Aussage:

Tube Cutting Appliance for Asbestos and Concrete.

With this appliance it is possible to cut asbestos, concrete, and plastic tubes quickly, squarely, and without breakage. The appliance can cut tubes of 50 to 200 mm. It is equipped with a 1300 rpm electric motor. Cutting speed is .30 mm per revolution and the tool's speed is 80 rpm.

Sie sehen, daß man die Formulierungen in Zeile 4 ff. im Englischen kürzer ausdrücken kann.

Mit diesem Beispiel beschließen wir den Abschnitt „Kurzbeschreibungen" und kommen zur nächsten Gruppe von Übersetzungsarten, den „Bedienungsanweisungen".

2.3 Bedienungsanweisungen

In dieser Gruppe haben wir es mit rein technischen Texten zu tun. Sie begleiten im Grunde alle Industrieerzeugnisse und ermöglichen es dem Käufer, den erstandenen Gegenstand kennenzulernen und mit ihm umzugehen. Der Umfang der Bedienungsanweisungen variiert natürlich beträchtlich je nach Art und Größe des Erzeugnisses. Im allgemeinen enthalten aber alle, ob einfach oder umfangreich, folgende Punkte: allgemeine Beschreibung (General Description), Technische Daten (Data oder Leading Particulars), Arbeiten bei Empfang des Geräts (Service Upon Receipt of Equipment), Bedienteile und Instrumente (Controls and Instruments), Inbetriebnahme (Preparation for Use). Die Gliederung weicht von einer zur anderen Firma ab; wir beschäftigen uns mit einer, und wo nötig verweise ich auf andere.

2.3.1 Englisch-Deutsch

In unserem Beispiel finden Sie jetzt die Betriebsanweisung für ein Klimagerät. Bei der Wiedergabe beschränke ich mich auf den Text, ohne Titel und jegliches bei Druckerzeugnissen übliches Beiwerk. Die Gliederung ist wie im Original beibehalten.

Air Conditioner 50,000 BTU, Base Mounted, Air Cooled Electric Motor Driven

Chapter 1

Section I. Description and Data

1. Air Conditioner Description

a) General. The Model XYZ air conditioner is a self-contained, air-cooled, vapor-cycle unit which uses Refrigerant-X and operates on 208-volt, three-phase, 400-cycle power. The unit consists of two detachable assemblies: the evaporator stage assembly and the condenser stage assembly. A winterization kit included in the condenser stage assembly permits continuous operation at ambient temperatures as low as - 65 °F.

b) Evaporator Stage Assembly. The evaporator stage assembly is a rectangular enclosure containing heater assemblies, refrigerant solenoid valve rectifier, temperature control box, power transformer, evaporator duct thermostat, six circuit breakers on master circuit breaker panel, evaporator assembly, filter drier, motor relays control assembly, heater relay control assembly, and evaporator fan assembly. The evaporator stage assembly can be used for heating and ventilation purposes independently of the condenser assembly.

c) Condenser Stage Assembly. The condenser stage assembly is a rectangular enclosure containing a remote control box assembly, condenser fan assembly, motor compressor assembly, auxiliary heater assemblies, pressure control, winterization louver assembly, winterization fan assembly, oil separator, and subcooler assembly.

2. Component Description

a) Motor Compressor Assembly. The motor compressor assembly consists of a positive-displacement compressor, which is directly driven by a 13-HP, 208-volt, 400-cycle, three-phase, four-wire induction motor with an operation speed of 11,500 rpm. It creates and maintains a low-pressure condition in the evaporator and in the low-pressure, low-temperature, refrigerant-vapor discharge line from the evaporator assembly. The motor compressor assembly operates continuously while a cooling operation is in progress.

b) Pressure Relief Valve. The pressure relief valve is a straight, through-type valve consisting of a spring-loaded piston assembly enclosed in a metal body. Two 1/4-inch flared connections are used as inlet and outlet for the valve. The valve protects system components against high internal pressure resulting from possible malfunctions of the system or its components. It is in the motor compressor assembly discharge line and discharges excessively high pressure into the atmosphere. The relief valve is factory set to relieve at 350 $^{+50}_{-20}$ psig at room temperature.

c) Oil Separator, Liquid Flow Indicator, and Oil Filter. The oil separator assembly consists of an inseparable welded housing and body. Refrigerant inlet and outlet ports with integral coupling nuts are on top of the separator. The oil separator is in the discharge line of the motor compressor assembly. It is used to separate the lubricating oil from the refrigerant. The separated oil, which was initially carried over from the compressor, is returned to the compressor. A liquid flow indicator for checking the oil supply and porous oil filter for screening out oil impurities are in the oil return line to the compressor.

Die folgenden Bauteile werden auf ähnliche Weise beschrieben. Doch wir wollen sie hier nur aufzählen und lediglich einige Besonderheiten hervorheben.

d) Condenser Assembly

e) Purge, Charge, and Drain Valves

f) Condenser Fan Assembly. ....The electric motor of the fan is constructed with a manual-reset, thermal-overload relay which is wired into the motor-relay system. The condenser fan is the source of condenser cooling air for the cooling system.

g) Liquid Quench Valve. The liquid quench valve is in effect a small-capacity expansion valve with an integral sensing bulb located close to the low-pressure line of the motor compressor assembly. The valve prevents excessive compressor inlet temperature during lightload operation when the refrigerant solenoid valve is closed and the hot-gas bypass valve is open.

h) Hot-gas Bypass Valve. The hot-gas bypass valve consists of a housing with a replaceable power unit. The power unit contains a spring and a diaphragm which actuate the valve mechanism...

i) Subcooler Assembly. ....The subcooler assembly prevents flashback (vaporization of the liquid refrigerant just after it leaves the condenser assembly).

j) Filter Drier

k) Refrigerant Solenoid Valve

l) Refrigerant Liquid Line Sight Glass

m) Thermoexpansion Valve

n) Evaporator Assembly

o) Evaporator Fan Assembly

p) Heater Assemblies

q) Remote Control Box Assembly

r) Master Circuit Breaker Panel. The master circuit breaker panel houses the air conditioning MASTER CIRCUIT BREAKER, HEATER CIRCUIT BREAKER, EVAPORATOR FAN circuit breaker, CONDENSER FAN circuit breaker, COMPRESSOR MOTOR CIRCUIT BREAKER, WINTERIZATION KIT circuit breaker, a 3/4-ampere fuse, and a spare fuse. The assembly is an integral part of the evaporator stage frame assembly. The panel is protected by a hinged door which is secured in the closed position with two bail-handle stud fasteners.

s) Temperature Control Box

t) Evaporator Duct Thermostat

u) Overheat Switch

v) Motor Relays Control Assembly. The motor relays control assembly is in the evaporator stage assembly. It consists of an aluminum box and cover which houses seven 28-volt dc relays, two interlock relay reset switches, and four electrical receptacles. Three of the relays are motor control relays which connect 208-volt, three-phase, alternating current to the condenser fan assembly, the motor compressor assembly, and the evaporator fan assembly. Two relays are interlock relays which protect the system against overloads by deenergizing the motor control relays. The other two relays are a time delay relay and a rotary relay which prevent excessive power surges by not starting the major electrical components simultaneously. The electrical receptacles provide interconnection between the motor relays control assembly and the wiring harness assembly.

w) Power Transformer

x) Rectifier

y) High-pressure Cutout Switch

z) Pressure Control

aa) Microswitch

ab) High-temperature Cutout Switch

ac) Heater Relay Control Assembly

ad) Low-temperature Cutout Switch

ae) Auxiliary Heater Assemblies

af) Winterization Fan Assembly. The winterization fan assembly in the condenser stage assembly is a high-speed (3600 rpm), reversible, continuous-duty axial-flow unit with a self-contained 1/8-Hp motor. The fan assembly operates on 208-volt, 400 cycle, three-phase, four-wire ac current and is permanently lubricated. It is the source of condenser cooling air for the cooling system during cold-weather cooling-cycle operation. When reversed, the winterization fan assembly circulates air in the condenser stage assembly fo facilitate cold-weather heating of the stage.

ag) Winterization Relay Box Assembly

ah) Phase Sequence Realy

ai) Air Filter

3. Winterization Kit

The winterizaiton kit consists of the following major components:

a) WINTERIZATION KIT circuit breaker

b) Winterization relay box assembly

c) Pressure control

d) Auxiliary heater assemblies

e) Winterization fan assembly

f) Winterization louver assembly.

4. Tabulated Data

a) Air Conditioner

Manufacturer	- XYZ
Model	- -
Refrigerant	- Refrigerant-12
Capacity	- 50,000 BTU/h
Length	- 40.44 in.
Width	- 24.09 in.
Height	- 47.77 in.

Es folgen von b - s die technischen Daten aller Baugruppen des Klimageräts, deren Aufzählung hier zu weit führen würde.

t) Installation and Shipping Dimensions. The air conditioner can be installed on any suitable base, such as concrete, wood, or steel. For information concerning the installation plan and shipping dimensions, see Paragraph 9.

An dieser Stelle wollen wir den englischen Text unterbrechen und zur Besprechung der Übersetzung kommen. Es handelt sich um ein schon recht kompliziertes Klimagerät für die Klimatisierung von Räumen. Um die Gliederung des Buches nicht zu verwirren, wollen wir auch bei der Übersetzung die Originalgliederung beibehalten. Die einfachen Passagen des Textes übersetze ich kommentarlos und erläutere nur Stellen, die einer Erklärung bedürfen.

Im Original sind alle Bauteile natürlich auf Bildern gezeigt. Da wir uns hier jedoch für den Text interessieren, habe ich auf eine Wiedergabe verzichtet. Hinweise auf Besonderheiten im Text beginne ich mit KOMMENTAR.

Klimagerät, Wärmeleistung 52,8 kJ, Standgerät, luftgekühlt, mit Elektromotor.

KOMMENTAR: Es ist etwas ungewöhnlich, in der Überschrift schon technische Angaben zu bringen; es kommt jedoch öfter vor. Bei einer nicht näher definierten Bezeichnung „base mounted" gehen Sie am sichersten mit der Übersetzung „Standgerät".

Kapitel 1

Abschnitt I. Beschreibung und technische Daten

1. Beschreibung des Klimageräts

a) Allgemeines. Das Klimagerät Modell XYZ ist ein in sich geschlossenes, luftgekühltes Gerät mit Verdampfungskreislauf. In ihm wird Kühlmittel 12 verwendet, und der Antriebsstrom weist 208 V, drei Phasen und 400 Hz auf. Das Gerät besteht aus zwei trennbaren Baugruppen: dem Verdampferteil und dem Kondensatorteil. Eine im Kondensatorteil eingeschlossene Ausrüstung für Winterbetrieb gestattet durchgehenden Betrieb bei Außentemperaturen bis zu - 54 °C.

KOMMENTAR: Ihnen fällt sicherlich die Häufung von assembly auf. Das Wort wird nur dann mit *Baugruppe* übersetzt, wenn es allein steht, wie in two detachable assemblies. In Verbindungen, wie evaporator stage assembly, lassen wir assembly weg.

b) *Verdampferteil. Der Verdampferteil ist ein rechteckiges Gehäuse, in dem folgende Bauteile enthalten sind: Heizröhren, Kühlmittel-Magnetventil, Gleichrichter, Temperaturregelkasten, Netztransformator, Thermostat im Lufteinlaß zum Verdampfer, sechs Unterbrecherschalter an der Hauptschalttafel, Verdampfer, Filter-Trockner, Steuerteil für Motorrelais, Steuerteil für Heizungsrelais und Verdampferventilator. Der Verdampferteil kann unabhängig vom Kondensatorteil zum Heizen und Kühlen eingesetzt werden.*

KOMMENTAR: Die Übersetzung von „evaporator duct thermostat" mit „Thermostat im Lufteinlaß zum Verdampfer" ist nur möglich, weil es auf dem Bild zu sehen ist. Sie hätten in einem solchen Fall ebenfalls ein Bild zur Verfügung. „Motor relays control assembly" ist eine schon erwähnte Aneinanderreihung von Wörtern, die sehr häufig vorkommt, die wir aber zerlegen müssen. Das „heating and ventilation" ist ungenau. Es müßte besser heißen: heating or ventilation".

c) *Kondensatorteil. Der Kondensatorteil ist ein rechteckiges Gehäuse, in dem folgende Bauteile enthalten sind: Fernbedienungskasten, Kondensatorventilator, Motor/Kompressorbaugruppe, Zusatzheizung, Druckregler, Jalousie für Winterbetrieb, Ventilator für Winterbetrieb, Ölabscheider und Hilfskühler.*

KOMMENTAR: Bei Motor/Kompressorbaugruppe ist es doch zu empfehlen, *Baugruppe* hinzuzufügen, um hervorzuheben, daß es sich um eine Kombination von Motor und Kompressor handelt. Den Ausdruck winterization können wir im Deutschen nicht mit Winterisierung wiedergeben, sondern müssen ihn mit *für Winterbetrieb* übersetzen.

2. *Beschreibung der Bauteile*

a) *Motor/Kompressorbaugruppe. Die Motor/Kompressorbaugruppe besteht aus einem Kompressor mit positiver Verdrängung, der direkt angetrieben wird von einem Asynchronmotor mit 9,56 kW, 208 V, 400 Hz, drei Phasen, Vierdrahtschaltung und einer Arbeitsdrehzahl von 11500* min^{-1}. *Sie erzeugt und hält einen Niederdruckzustand im Verdampfer und in der vom Verdampfer wegführenden Kühlmitteldampfflußleitung, in der ebenfalls Niederdruck und Niedertemperatur herrschen. Die Motor/Kompressorbaugruppe arbeitet während eines Kühlbetriebs ohne Unterbrechung.*

KOMMENTAR: Hier haben Sie ein Beispiel dafür, daß es manchmal unerläßlich ist, vom Originaltext recht weit abzuweichen, weil wir die Wortketten nicht nachvollziehen können.

b) Druckminderventil. Das Druckminderventil ist ein gerades Durchgangsventil, das aus einem federbelasteten Kolben in einem Metallkörper besteht. Die 1/4-Zoll-Ein- und Auslaßöffnungen des Ventils sind konisch erweitert. Das Ventil schützt Bauteile der Anlage vor hohem Innendruck, der bei möglichen Störungen in der Anlage oder in einem Bauteil entstehen kann. Es sitzt in der Abflußleitung der Motor/Kompressorbaugruppe und läßt übermäßig hohen Druck nach außen entweichen. Das Druckminderventil ist vom Hersteller so eingestellt, daß es bei $24^{+3,4}_{-1,4}$ *bar bei Raumtemperatur anspricht.*

KOMMENTAR: Der Satz **two 1/4-inch flared connections** ist absolut töricht. Dem Sinn nach nimmt man zwei konisch erweiterte Verbindungsstücke und benützt sie als Ein- und Auslaß für das Ventil, was natürlich gar nicht gemeint ist. Das Ventil „discharges“ auch nicht „into the atmosphere“, sondern einfach *nach außen*.

c) Ölabscheider, Durchflußanzeiger und Ölfilter. Der Ölabscheider besteht aus einem verlöteten Gehäuse und Körper. Die Ein- und Auslaßöffnungen für Kühlmittel mit ihren Überwurfmuttern befinden sich auf dem Abscheider. Der Ölabscheider sitzt in der Ablaßleitung der Motor/Kompressorbaugruppe. Seine Aufgabe ist die Trennung des Schmieröls vom Kühlmittel. Das abgeschiedene Öl, das ursprünglich vom Kompressor kommt, wird diesem wieder zugeführt. In der Ölrückführungsleitung zum Kompressor sitzt ein Durchflußanzeiger zur Kontrolle des Ölvorrats sowie ein Ölfilter zur Aussonderung von Unreinheiten im Öl.

KOMMENTAR: Die Formulierung **it is used to separate** ist nicht schön. Besser ist *seine Aufgabe ist* oder *er dient der Trennung…* . Der **porous filter** ist auch Unsinn. Ein Filter muß ja wohl porös sein, um als Filter wirken zu können.

d) Kondensator - Baugruppe

e) Reinigungs-, Füll- und Ablaßventile

f) *Kondensatorventilator. ... Der Elektromotor des Ventilators ist mit einem von Hand rückstellbaren Überhitzungsrelais ausgestattet, das mit dem Motorrelaissystem verschaltet ist. Der Kondensatorventilator liefert die Kühlluft für das Kühlsystem des Kondensators.*

KOMMENTAR: ... of the fan is constructed with.. würde genau übersetzt im Deutschen nicht gut klingen. Besser ist *ist ausgestattet*. Der condenser fan is the source of... ist ebenfalls ungeschickt. Er ist ja nicht die Quelle, sondern er erzeugt die Kühlluft.

g) *Flüssigkeitsabkühlventil. Das Flüssigkeitsabkühlventil ist praktisch ein Entspannungsventil mit geringer Leistung, mit einem eingebauten Kolbensensor, der dicht an der Niederdruckleitung der Motor/Kompressorbaugruppe sitzt. Das Ventil verhindert eine zu hohe Einlaßtemperatur am Kompressor bei Betrieb mit geringer Last, wenn das Kühlmittel-Magnetventil geschlossen und das Heißgasumgehungsventil geöffnet ist.*

KOMMENTAR: Hier haben wir wieder einen Fall, wo man an ein „flüssiges Abkühlventil" denken könnte.

h) *Heißgasumgehungsventil. Das Heißgasumgehungsventil besteht aus einem Gehäuse mit einem auswechselbaren Antriebsteil. Dieser Antriebsteil enthält eine Feder und eine Membran, die den Ventilmechanismus betätigen.*

KOMMENTAR: Die Bezeichnung „power unit" ist sehr irreführend. Auf den ersten Blick kann man an ein elektrisches Teil denken; doch im zweiten Satz kommt die Erklärung. Es ist eine mechanische Vorrichtung, die man am besten mit „Antriebsteil" übersetzt.

i) *Hilfskühler. ... Der Hilfskühler verhindert eine Schnellverdampfung (Verdampfung des flüssigen Kühlmittels gleich nachdem es den Kondensator verläßt).*

KOMMENTAR: Der Ausdruck flashback wird in nichttechnischen Wörterbüchern mit *Rückschlag* einer Flamme angegeben. In einem allgemeintechnischen Wörterbuch finden Sie unter flash die Verbindung flash boiler mit der Entsprechung *Schnellverdampfer*. Daher kann man für *flashback* in unserem Fall die *Schnellverdampfung* ableiten, zumal in Klammern die Erklärung folgt.

j) *Filter-Trockner*

k) *Kühlmittel-Magnetventil*

l) *Schauglas in der Leitung für flüssiges Kühlmittel*

m) *Thermo-Entspannungsventil*

n) *Verdampfer-Baugruppe*

o) *Verdampferventilator*

p) *Heizröhren*

q) *Fernbedienungskasten*

r) *Hauptschalttafel. Auf der Hauptschalttafel befinden sich folgende Unterbrecherschalter: MASTER CIRCUIT BREAKER, HEATER CIRCUIT BREAKER, EVAPORATOR FAN, CONDENSER FAN, COMPRESSOR MOTOR CIRCUIT BREAKER, WINTERIZATION KIT; eine 3/4-Ampere-Sicherung und eine Ersatzsicherung. Die Schalttafel ist im Verdampferteil eingebaut. Sie wird mit einer Klappe mit Scharnier verschlossen und von zwei Drehwirbeln mit Ösen gesichert.*

KOMMENTAR: Die Großbuchstaben geben die tatsächliche Beschriftung der einzelnen Schalter an der Hauptschalttafel wieder.

s) *Temperaturregelkasten.*

t) *Thermostat im Lufteinlaß zum Verdampfer.*

u) *Überhitzungsschutzschalter.*

v) *Steuerteil für Motorrelais. Das Steuerteil für Motorrelais ist im Verdampferteil untergebracht. Es besteht aus einem Aluminiumkasten mit Deckel, in dem sieben 28-Volt-Gleichstromrelais, zwei Rückstellschalter für Verriegelungsrelais und vier Steckdosen enthalten sind. Drei der Relais sind Motorsteuerrelais, die Dreiphasenwechselstrom von 208 V an den Kondensatorventilator, die Motor/Kompressorbaugruppe und den Verdampferventilator anlegen. Zwei Relais sind Verriegelungsrelais, die die Anlage vor Überlastungen schützen, indem sie die Motorsteuerrelais stromlos machen. Die beiden anderen Relais sind ein Verzögerungsrelais und ein Drehrelais, die übermäßige Stromstöße verhindern, indem sie die elektrischen Hauptbauteile nicht gleichzeitig anlaufen lassen. Die Steckdosen dienen dem Anschluß des Kabelbaums an das Steuerteil für Motorrelais.*

KOMMENTAR: Die electrical receptacles können wir einfach nur mit *Steckdosen* übersetzen, da es sich bei dem

Steuerteil ohnehin um eine elektrische Einrichtung handelt. Der letzte Satz ist ungenau, denn die Steckdosen dienen nicht der Verbindung von Steuerteil ... und dem Kabelbaum, sondern sind für den Anschluß des Kabelbaums da.

w) Netztransformator

x) Gleichrichter

y) Überdruck-Sicherheitsschalter

z) Druckregler

aa) Mikroschalter

ab) Überhitzungs-Sicherheitsschalter

ac) Steuerteil für Heizungsrelais

ad) Sicherheitsschalter für Untertemperatur

ae) Zusatzheizungen

af) Ventilator für Winterbetrieb. Der Ventilator für Winterbetrieb im Kondensatorteil ist ein Hochgeschwindigkeits-Axialventilator (3600 min^{-1}), umkehrbar, für Dauerbetrieb, mit einem unabhängigen 0,09-kW-Motor. Der Ventilator wird von Vierdraht-Wechselstrom mit 208 V, 400 Hz, drei Phasen angetrieben und hat Dauerschmierung. Er liefert die Kondensatorkühlluft für das Kühlsystem bei Kaltwetterkühlbetrieb. Bei Laufumkehr zirkuliert der Ventilator die Luft im Kondensatorteil, um die Heizung des Teils bei kaltem Wetter zu erleichtern.

KOMMENTAR: Die Bestimmung des Ventilators im ersten Satz können wir nicht so übernehmen; deswegen die Umstellung bei der Übersetzung.

ag) Relaiskasten für Winterbetrieb

ah) Phasenfolge-Schutzrelais

ai) Luftfilter

3. Ausrüstung für Winterbetrieb

Die Ausrüstung für Winterbetrieb besteht aus folgenden Hauptteilen:

a) Unterbrecherschalter für Winterausrüstung

b) Relaiskasten für Winterbetrieb

c) Druckregler

d) Zusatzheizungen

e) Ventilator für Winterbetrieb

f) Jalousie für Winterbetrieb

4. Technische Daten

a) Klimagerät

Hersteller	*- XYZ*
Modell	*- --*
Kühlmittel	*- Kühlmittel 12*
Wärmeleistung	*- 52,75 kJ*
Breite	*- 103 cm*
Tiefe	*- 61 cm*
Höhe	*- 122 cm*

Es folgen von b) bis s) die technischen Daten aller Hauptbaugruppen des Klimageräts.

t) Aufstellungs- und Versandmaße. Das Klimagerät kann auf jedem geeigneten Boden aufgestellt werden: Beton, Holz oder Stahl. Für Angaben über Aufstellungsplan und Versandmaße siehe Paragraph 9.

Section II. Theory

5. Theory of Operation

a) General. During air conditioning operation the condenser fan draws ambient air into the condenser stage through the condenser and discharges it into the atmosphere through the condenser fan exhaust. The evaporator fan draws air from the compartment to be air conditioned into the evaporator stage, where ist is conditioned and mixed with fresh air, and blows the mixture into the compartment through the evaporator stage discharge duct.

b) Detailed Theory

Die jetzt folgenden Beschreibungen betreffen alle Baugruppen des Klimageräts. Ihre Wiedergabe würde den Rahmen dieses Buches sprengen.

Chapter 2

Operating Instructions

Section I. Service Upon Receipt of Equipment

6. Unloading of Equipment

Lift the packaged air conditioner from the carrier using a suitable hoisting device.

CAUTION: Be careful in unloading, to avoid damaging the air conditioner and separately packed components.

7. Unpacking Equipment

a) Cut the metal straps and uncrate the air conditioner.

b) Carefully remove both layers of barrier paper.

c) Remove the unit from the wooden shipping base

d) Open the seperate shipping carton und unpack the remote control box and wiring harness.

8. Inspection of Equipment

a) Perform the quarterly preventive maintenance services (par. 38).

b) Remove the housing panels (par. 64 through 70).

c) Examine the filter and evaporator assembly for dirt, dust or other obstructions.

d) Inspect the AIR CONDITIONER AND HEATER switch on the remote controlbox for proper operation.

e) Examine the remote control wiring harness for possible defects.

f) Examine the condenser air-duct for serviceability, and be certain it is open before starting the air conditioner.

g) Open the master circuit breaker panel door and examine the circuit breakers for proper operation. All circuit breakers must be in the deenergized position. Make certain a good fuse is in the fuse-holder.

h) Check all components of the air conditioner for security of attachment.

i) Visually inspect the compressor area for indications of oil or refrigerant leaks.

j) Correct all deficiencies.

k) Install the housing panels (par. 64 through 70).

9. Installation Instructions

Detailed installation instructions are not provided with this manual due to conditions which may vary at the worksite. Steps described in a. thru h. below are minimum installation requirements for efficient operation of the air conditioner. Adaptations should be made to conform with ductwork existing at the site.

a) Inspect the compartment to be air conditioned for a site that permits using existing ductwork.

b) Lift the air conditioner in place for mounting by attaching a special tee bar, or equivalent, to the lifting hooks provided on the outboard side of the evaporator and condenser stage assemblies.

   CAUTION: Be careful during the lifting operation. Uneven lighting may cause the refrigerant-carrying couplings to cock, resulting in the loss of the unit charge.

c) Position the air condenser so that the condenser fan discharge, condenser cooling-air inlet, evaporator fan discharge, evaporator cooling-air inlet, and fresh-air inlet have unobstructed air-flow and line up with the ductings made for the unit at the installation site.

   NOTE: To insure proper operation, an airtight seal must be maintained between the external air ducting, if used, and the air conditioner. Make certain this ducting and the air conditioner are properly aligned.

d) Secure the unit to its mounting using the mounting holes provided in the base of the air conditioner.

e) Connect either end of the remote control wiring harness to the outlet on the remote control box assembly, and connect the other end to the remote control receptacle on the air conditioner.

f) Mount the remote control box on a wall or panel at a convenient level for operation.

g) Remove the plastic shipping cap from the high-pressure relief valve.

h) ground the air conditioner by connecting a grounding wire to the grounding terminal located on the power supply panel.

   CAUTION: The air conditioner is factory wired to operate with 208-volt, three-phase, 400 cycle, four-wire power source. Be certain proper power of the correct phase is available before connecting the main power cable to the main power supply electrical connector.

   WARNING: Before connecting power, all switches and circuit breakers must be in the off position. The MASTER CIRCUIT BREAKER and HEATER CIRCUIT BREAKER must be pulled out.

10. Servicing New Equipment

a) Examine the remote control box for damaged or unserviceable switch. Make certain remote control wiring harness is free of defects and that the electrical plugs make firm connection at the remote control box assembly and the air conditioner power receptacle. Make certain a good fuse is in the fuse holder on the master circuit breaker panel.

b) Perform before-operation services (par.36).

c) Make certain all air inlets and outlets are unobstructed and that the condenser air-duct door is fully open.

d) Remove the evaporator stage left side panel assembly and make certain a clean, undamaged filter is installed.

e) Perform the preventive maintenance services (par.38).

f) Check for normal refrigerant charge by turning on the air conditioner (par.29) and observing the refrigerant charge by looking through the liquid indicator window in the evaporator stage front panel assembly. If no refrigerant flow is observed, charge the refrigerant system. If a bubbling or milky flow is observed, add refrigerant.

g) Check for normal oil level in the motor/compressor assembly by turning the air conditioner on (par.29) and observing the oil level through the window of the liquid flow indicator in the condenser section directly above the motor compressor. A steady dripping or thin flow indicates a normal oil level. If no oil flow is observed, add oil.

Section II. Control and Instruments

11. General

This section describes, locates, and illustrates all controls and instruments that must be used by the operator to properly operate the air conditioner.

Nachfolgend werden alle Bedienteile und Instrumente aufgeführt. Ihre Lage, das Aussehen und die Funktion werden beschrieben. Es würde im Rahmen dieses Buches zu weit führen. Wir kommen deshalb zur Übersetzung des zweiten Teiles. Der KOMMENTAR folgt wieder nach jedem Absatz, wo es erforderlich ist.

Abschnitt II Theorie

5. Arbeitsweise

a) Allgemeines. Bei Klimatisierungsbetrieb des Geräts saugt der Kondensatorventilator durch den Kondensator Umgebungsluft in den Kondensatorteil und drückt sie nach außen durch die Auslaßöffnung. Der Verdampferventilator zieht Luft aus dem zu klimatisierenden Raum in den Verdampferteil, wo sie aufbereitet und mit Frischluft gemischt wird. Danach bläst er die Mischung durch die Auslaßöffnung des Verdampferteils in den Raum zurück.

KOMMENTAR: Aus den vorangegangenen Seiten wissen wir, daß das Gerät auch nur kühlen oder heizen kann, deshalb können wir an dieser Stelle die Hauptfunktion betonen. Die vielen Wiederholungen können wir umgehen, solange der Sinn gewahrt bleibt.

b) Einzelheiten der Arbeitsweise

Sie sind für unseren Zweck zu weitführend und deshalb weggelassen.

Kapitel 2

Abschnitt I. Arbeiten bei Empfang des Geräts

6. Abladen des Geräts

Das verpackte Klimagerät mit einer geeigneten Hebevorrichtung vom Fahrzeug heben.

ACHTUNG: Vorsichtig abladen, um das Klimagerät und die getrennt verpackten Bauteile nicht zu beschädigen.

7. Auspacken des Geräts

a) Die Metallbänder zerschneiden und den Verschlag vom Klimagerät abnehmen.

b) Beide Lagen des wasserdichten Papiers vorsichtig abnehmen.

c) Das Gerät von der hölzernen Versandpalette abheben.

d) Den beiliegenden Versandkarton öffnen und den Fernbedienungskasten sowie das Kabel auspacken.

8. Überprüfung des Geräts

a) Den vierteljährlichen vorbeugenden Wartungsdienst durchführen. (Par. 38).

KOMMENTAR: Diese Bedienungsanweisung ist Teil eines großen Handbuches; deshalb der Hinweis auf den Abschnitt, in dem der vorbeugende Wartungsdienst in Form einer Tabelle beschrieben wird.

b) *Gehäusewände abschrauben (Par. 64 bis 70)*

KOMMENTAR: Die o.a. Absätze sind Teil der Beschreibung der Zerlegung des Geräts. Normalerweise wären die Angaben ebenfalls hier schon vorhanden.

c) *Filter und Verdampfer auf Staub, Schmutz oder andere Fremdkörper untersuchen.*

d) *Den Schalter AIR CONDITIONER AND HEATER am Fernbedienungskasten auf einwandfreie Funktion überprüfen.*

e) *Das Fernbedienungskabel auf mögliche Schäden untersuchen.*

f) *Die Jalousie des Kondensatorlufteinlasses auf einwandfreie Beweglichkeit untersuchen. Sie muß vor dem Anlassen des Klimageräts geöffnet sein.*

KOMMENTAR: Ich nehme an, Sie haben den Fehler im Originaltext entdeckt. Der zweite Satz gibt den Hinweis: Da ist etwas vor der Einlaßöffnung, das geöffnet werden muß.

g) *Die Klappe der Hauptschalttafel öffnen und die Unterbrecherschalter auf einwandfreies Funktionieren überprüfen. Alle Schalter müssen in ''Aus''-Stellung stehen. Nachsehen, ob die Sicherung in ihrem Halter in Ordnung ist.*

KOMMENTAR: Sie sehen, daß man vom Originaltext abweichen kann, wenn die Formulierung im Englischen zu umständlich ist.

h) *Alle Bauteile des Klimageräts auf sichere Befestigung überprüfen.*

i) *In der Umgebung des Kompressors nachsehen, ob Öl- oder Kühlmittelspuren auf Leckstellen hinweisen.*

j) *Alle Schäden beseitigen.*

k) *Gehäusewände wieder anschrauben (Paragraph 64 bis 70).*

9. Aufstellungsanweisungen

Genaue Aufstellungsanweisungen sind in diesem Handbuch nicht vorgesehen, weil die Bedingungen vor Ort variieren können. Die in a) bis h) nachfolgend beschriebenen Schritte sind die Mindestanforderungen für einen gut funktionierenden Betrieb des Klimageräts. Anpassungen sind vorzunehmen, um den am Ort vorhandenen Be- und Entlüftungen zu entsprechen.

a) In dem zu klimatisierenden Raum die Stelle aussuchen, an der vorhandene Be- und Entlüftungsöffnungen genützt werden können.

b) Um das Klimagerät an seinen Platz zu stellen, einen speziellen T-Balken oder etwas Gleichwertiges an den an den Außenseiten von Verdampfer- und Kondensatorteil vorhandenen Haken befestigen.

KOMMENTAR: Die Formulierung auch in diesem Satz ist umständlich. In einem solchen Fall können Sie ruhig vom Text abweichen und eine eigene Formulierung gebrauchen.

ACHTUNG: Beim Heben vorsichtig vorgehen. Ungleichmäßiges Anheben könnte die Kühlmittel enthaltenden Kupplungen verkanten, dadurch ginge ein Teil der Füllung des Geräts verloren.

KOMMENTAR: Hier gilt das Gleiche wie in b).

c) Das Klimagerät so aufstellen, daß der Ventilatorlufteinlaß und der Kühllufteinlaß von Kondensator und Verdampfer sowie der Frischlufteinlaß einen unbehinderten Luftstrom ermöglichen und auf die Be- und Entlüftungsöffnungen am Ort ausgerichtet sind.

KOMMENTAR: Wir müssen im Deutschen diese unbeholfenen Wiederholungen nicht nachmachen.

ANMERKUNG: Für einen einwandfreien Betrieb müssen die Verbindungen zwischen externen Luftführungen und dem Klimagerät abgedichtet und genau ausgerichtet werden.

d) Das Gerät unter Verwendung der am Sockel vorhandenen Löcher gut befestigen.

e) Das Fernbedienungskabel an die Steckdose des Fernbedienungskastens und die entsprechende Steckdose am Klimagerät anschließen.

KOMMENTAR: Einen solchen Satz dürfen Sie niemals wörtlich übersetzen, denn das würde zur Erheiterung des Lesers beitragen.

f) Den Fernbedienungskasten in bequem erreichbarer Höhe an einer Wand oder Tafel befestigen.

g) Die Kunststoffkappe vom Druckminderventil abziehen.

h) Das Klimagerät erden, indem ein Erdleitungsdraht an die Erdungsklemme der Stromversorgungstafel angeschlossen wird.

ACHTUNG: Das Klimagerät ist vom Werk für 208 V, drei Phasen, 400 Hz, Vierdrahtstromversorgung ausgelegt. Darauf achten, daß der entsprechende Strom zur Verfügung steht, ehe das Netzkabel angeschlossen wird.

KOMMENTAR: Damit ist alles gesagt, ohne die umschweifige Erklärung des Originals zu gebrauchen.

VORSICHT: Vor Anlegen der Stromversorgung müssen alle Schalter und Unterbrecher in „Aus"-Stellung stehen. MASTER CIRCUIT BREAKER und HEATER CIRCUIT BREAKER müssen herausgezogen sein.

10. Wartung des neuen Geräts

a) Den Fernbedienungskasten auf möglicherweise schadhaften oder nichtfunktionierenden Schalter überprüfen. Sicherstellen, daß das Fernbedienungskabel nicht beschädigt ist und daß die Stecker in den Steckdosen von Fernbedienungskasten und Klimagerät nicht wackeln. An der Hauptschalttafel muß eine brauchbare Sicherung im Halter stecken.

KOMMENTAR: Ich nehme an, Sie erkennen jetzt schon selbst, wie man umständliche englische Sätze einfacher und deutlicher ausdrückt. Sie brauchen nicht zu zögern, derartige Änderungen vorzunehmen.

b) Wartungsarbeiten vor Inbetriebnahme durchführen (Paragraph 36).

c) Nachsehen, ob alle Luftein- und auslaßöffnungen frei sind; die Klappe vor dem Lufteinlaß des Kondensators muß ganz geöffnet sein.

d) Die linke Seitenverkleidung des Verdampferteils abschrauben: Der dahinterliegende Filter muß sauber und unbeschädigt sein.

e) Die vorbeugenden Wartungsarbeiten durchführen (Paragraph 38).

f) Kontrolle der Kühlmittelfüllung: Klimagerät anlassen (Paragraph 29) und das Schauglas des Flüssigkeitsanzeigers in der Frontplatte des Verdampferteils beobachten: Ist kein Kühlmittelfluß zu sehen, das Kühlmittelsystem füllen. Ist ein blasiger oder milchiger Fluß zu sehen, Kühlmittel nachfüllen.

g) Kontrolle des Ölstands in der Motor/Kompressorbaugruppe: Klimagerät anlassen (Par. 29) und das Schauglas des Flüssigkeitsanzeigers im Kondensatorteil unmittelbar über dem Motorkompressor beobachten: Ein stetes Tropfen oder ein dünner Strom zeigen normalen Ölstand an. Ist kein Ölstrom zu sehen, Öl nachfüllen.

Abschnitt II. Bedienteile und Instrumente

11. Allgemeines

Dieser Abschnitt zeigt die Lage, beschreibt und illustriert alle Bedienteile und Instrumente, die der Bediener für den einwandfreien Betrieb des Klimageräts benützt. Dieses recht umfangreiche Beispiel für Englisch-Deutsch soll genügen. Wir wenden uns jetzt der Gegenrichtung zu.

2.3.2 Deutsch-Englisch

Auch in diesem Fall handelt es sich um ein Klimagerät. Vielleicht ist der Vergleich nicht uninteressant. Um die Gliederung des Buches nicht zu verwirren, übernehme ich auch hier die der Originalbedienungsanweisung, die ebenfalls Teil eines größeren Handbuches ist.

Kapitel 1. Einleitung

Abschnitt I. Allgemeines

1. Umfang des Handbuches

Dieses technische Handbuch enthält Informationen über Betrieb und Wartung sowie über Instandsetzungsteile für das luftgekühlte, in sich geschlossene Klimagerät Modell X-10. Diese Information ist für das Bedienungspersonal vorgesehen, das dieses Gerät bedient und wartet.

Abschnitt II. Beschreibung

2. Allgemeines

a) *Das Klimagerät X-10 ist ein in sich geschlossenes, luftgekühltes Gerät, ausgelegt für Dauerbetrieb. Es liefert klimatisierte Luft, um die Arbeitsbedingungen innerhalb motorisierter Kommandofahrzeuge, fahrbarer Schutzräume oder ähnlicher Einrichtungen erträglich zu machen. Das Klimagerät liefert die kühle, gefilterte und entfeuchtete Luft durch flexible Schläuche mit einem Durchsatz von 34000 l/min bei Umgebungstemperaturen bis zu 52 °C. (siehe Tabelle 1 für technische Angaben.) Ein verstellbarer Lüftungsschieber ermöglicht den Eintritt von bis zu 50% Frischluft. Das Vielseitigkeit mit Stabilität verbindende Klimagerät kann für Betrieb auf Kufen oder Montage auf einem Hänger angepaßt werden.*

b) *Zum vollständigen Klimagerät gehören noch eine Fernbedienungstafel, ein Staufach für Luftschläuche und drei Teile flexiblen Schlauches.*

Abschnitt III. Daten

3. Technische Angaben

Tabelle 1 enthält eine Liste der technischen Angaben für das Klimagerät.

KOMMENTAR: In dieser Tabelle werden alle wichtigen Bauteile mit Beschreibung und Spezifikationen aufgelistet.

4. Stromversorgung

Für den Betrieb des Klimageräts ist eine externe Stromquelle erforderlich, die 208-Volt-Wechselstrom für ein 4-Draht-Elektrosystem mit drei Phasen und 400 Hz liefern kann. Gesamtstromverbrauch 14 kW.

Kapitel 2. Betrieb

Abschnitt I. Vorbereitung für den Einsatz

5. Allgemeines

a) Ehe das Klimagerät das Werk verließ, wurde es gründlich geprüft und untersucht. Bei Empfang des neuen Geräts sollte jedoch eine vollständige Überprüfung vorgenommen werden, um Verlust von Teilen, Kühlmittelleckage oder andere Schäden durch den Transport zu entdecken.

b) Das Klimagerät wird vollständig mit Luftschläuchen, Fernbedienungstafel und Kabel versandt. Vor der Prüfung die Stahlbänder, den Verschlag, die Versandblöcke und das schützende Versandmaterial vom Klimagerät abnehmen. Das Klimagerät jetzt noch nicht vom Versandgestell abheben.

c) Vor dem Versand erhält das Klimagerät eine Füllung mit Kühlmittel (13,6 kg); alle Ventile sind geschlossen und markiert.

6. Prüfung

Den äußeren Zustand des Klimageräts überprüfen und danach die Verkleidung abschrauben. Alle Bauteile gemäß Tabelle 2 sorgfältig überprüfen.

KOMMENTAR: In Form der Tabelle 2 werden Prüfvorgänge für die Kondensatorventilatoren (Condenser Fans), für das Verdampfergebläse (Evaporator Blower), die Isolierung (Insulation), Jalousien (Louvres) usw. vorgeschrieben, die wir uns jedoch sparen wollen.

Tabelle 2. Überprüfung vor Betrieb.

Bauteil	Prüfvorgang
Luftschläuche	Luftschläuche aus dem Staufach herausnehmen und auf Risse und andere Schäden untersuchen
Kupplung	Kupplung von Hand drehen. Sie muß sich leich drehen
Kompressor	auf lockere Anschlüsse, lockere oder beschädigte Ventile, lockere Montageschrauben und Anzeichen von Öl-oder Kühlmittelleckage überprüfen
Kompressormotor	auf lockere Klemmen und Montageschrauben überprüfen

Abschnitt II. Kühlkreislauf

7. Allgemeines

Dieser Abschnitt beschreibt den Kühlkreislauf und die Funktion der Bauteile während des Betriebs des Klimageräts. Um die Beschreibung des Kühlmittelstroms zu erleichtern, ist das System in primäre und sekundäre Bauteile aufgeteilt.

8. Primäre Bauteile

Während des Kühlkreislaufes bewirken die primären Bauteile vier deutliche Veränderungen im Zustand des Kühlmittels: das Kühlmittel beginnt den Kreislauf als Niederdruckgas, wird dann zum Hochdruckgas, wechselt in eine Hochdruckflüssigkeit, wird dann eine Niederdruckflüssigkeit und beendet den Kreislauf als Niederdruckgas. Die Funktion der primären Bauteile während des Kreislaufes wird nachfolgend beschrieben.

a) Der Kreislauf beginnt, wenn das Kühlmittelgas von der Niederdruckseite des Systems in den Kompressor gesaugt wird. Die Wirkung des Kompressors wandelt das Niederdruckgas in ein Hochdruckgas. Während der Komprimierung nimmt das Kühlmittelgas beträchtliche Wärme auf.

b) Das heiße Hochdruckgas wird aus dem Kompressor gedrückt und strömt direkt in die Kondensatorschlange. Wärme wird dem Gas durch die

Luft entnommen, die über das Rohr der Kondensatorschlange strömt. Während der Kühlmitteldampf von der Luftströmung abgekühlt wird, tritt Kondensation ein, und das Hochdruckgas wird zur Hochdruckflüssigkeit.

c) *Das flüssige Kühlmittel strömt aus der Kondensatorschlange in den Auffangbehälter, der als Speichertank dient. Aus dem Auffangbehälter wird die Hochdruckflüssigkeit abgekühlt, während sie durch die äußere Schlange des Wärmetauschers fließt.*

d) *Der Strom setzt sich vom Wärmetauscher zum thermostatischen Entspannungsventil fort, in dem die Hochdruckflüssigkeit in eine Niederdruckflüssigkeit umgewandelt wird, ehe sie in die Verdampferschlange abgegeben wird.*

e) *In der Verdampferschlange siedet die Hochdruckflüssigkeit in ein Niederdruckgas. Dieser Siedevorgang tritt ein, wenn die Niederdruckflüssigkeit Wärme von der Luft absorbiert, die durch die Verdampferschlange strömt. Die kühle Luft, die von der Verdampferschlange wegströmt, wird als klimatisierte Luft durch den Luftaustritt geblasen.*

f) *Das kalte Niederdruckgas strömt aus der Verdampferschlange durch den Kern des Wärmetauschers und kehrt zum Kompressor zurück, um den Kreislauf zu wiederholen. Der Kühlmittelstrom dauert an, solange der Kompressor in Betrieb ist.*

9. Sekundäre Bauteile

Die sekundären Bauteile sind im Kühlsystem, um Sicherheit zu bieten, die Wartung zu vereinfachen, automatischen Betrieb zu ermöglichen und um die Leistungsfähigkeit des Systems zu erhöhen.

KOMMENTAR: Im weiteren Verlauf des Originaltextes werden die sekundären Bauteile beschrieben wie zuvor die primären. Der Umfang wäre für unseren Zweck zu groß.

Abschnitt III. Bedienteile und Instrumente

10. Allgemeines

Dieser Abschnitt beschreibt die Bedienteile an der Fernbedienungstafel des Bedieners und zeigt die Lage der von Hand betätigten und automatischen Bedienteile, die im Klimagerät vorhanden sind.

a) *Wahlschalter. Der Wahlschalter kann in die drei Stellungen „AUS", „VENTILATOR" oder „KÜHLEN" gestellt werden.*

(1) „AUS“ — In dieser Stellung (Mitte) unterbricht der Wahlschalter den Strom zum Steuerkreis.

(2) „VENTILATOR“ — Befindet der Wahlschalter sich in dieser Stellung (links), läuft das Verdampfergebläse dauernd und sorgt nur für Luftbewegung innerhalb des klimatisierten Raumes. Das Verdampfergebläse zirkuliert gefilterte Außenluft, wenn der Lüftungsschieber geöffnet ist. Die hereinkommende Luft ist aber weder erwärmt noch gekühlt, solange der Wahlschalter in Stellung „VENTILATOR“ steht.

(3) „KÜHLEN“ — In dieser Stellung (rechts) legt der Wahlschalter Strom an den Steuerkreis und seine entsprechenden Bauteile. Das Klimagerät liefert kühle, klimatisierte Luft in Übereinstimmung mit der Einstellung des Thermostats.

b) Thermostat. Der Thermostat befindet sich auf der Fernbedienungstafel. Sobald der Wahlschalter in Stellung „KÜHLEN“ gelegt ist, steuert der Thermostat den Betrieb des Klimageräts automatisch.

c) Feuchtigkeitsregler. Der Feuchtigkeitsregler befindet sich auf der rechten Seite der Fernbedienungstafel. Wenn in dem klimatisierten Raum Entfeuchtung ohne Kühlung gewünscht wird, erregt der Feuchtigkeitsregler das Heißgas- und das Saugleitungsmagnetventil, die den für den Wiedererwärmungskreislauf gebrauchten Strom von heißem Kühlmittelgas steuern. Der Wiedererwärmungskreislauf benützt das obere Drittel der Verdampferschlange. Wird Kühlung gefordert, funktioniert der Feuchtigkeitsregler nicht für Wiederwärmung, bis die geforderte Kühlung (durch den Thermostaten) erreicht ist.

KOMMENTAR: Im Original werden nun die automatisch funktionierenden Bedienteile, die von Hand betätigten sowie der elektrische Schaltkasten in Einzelheiten beschrieben. Da wir aber keine Ausbildung am Klimagerät beabsichtigen, lassen wir diese Beschreibungen weg.

Abschnitt IV. Betrieb unter normalen Bedingungen

15. Allgemeines

a) Die in diesem Abschnitt enthaltenen Informationen dienen der Unterrichtung des Bedienungspersonals für einen einwandfreien Betrieb des Klimagerätes.

KOMMENTAR: Die weiteren Unterabschnitte behandeln folgende Vorgänge: Arbeiten vor dem Anlassen des Klimageräts; Anlassen; Belüftungsbetrieb; Kühlbetrieb; Entfeuchtungsbetrieb usw.

Wir kommen erneut zur Übersetzung, bei der ich wieder unproblematische Passagen ohne Bemerkungen übersetze und Kommentare nur dort gebe, wo sie möglicherweise erforderlich sind.

Chapter 1. Introduction

Section I. General

1. Scope of Manual

This technical manual contains information regarding the operation and maintenance as well as repair parts for the Model X-10 Air Conditioner, Self-Contained, Air Cooled. This information is provided for the personnel who will operate and service this air conditioner.

KOMMENTAR: Bei der Bezeichnung des Gegenstands dieses Handbuches wollen wir an die beliebte Form im Englischen denken. Da sie quasi als Überschrift gedacht ist, erinnern Sie sich bitte an die Großschreibung: Wörter mit drei Buchstaben und mehr haben einen großen Anfangsbuchstaben.

Section II. Description

2. General

a) The Model X-10 Air Conditioner is a self-contained, air cooled unit designed for continuous operation and supplies conditioned air to make working conditions inside mobile vans, portable shelters or similar structures tolerable. The air conditioner will provide the cool, filtered and dehumified air through flexible ducts at a rate of 1200 cubic feet/min during ambient temperatures as high as 125 °F. (See Table 1 for leading particulars.) An adjustable damper control permits the intake of as much as 50 percent of fresh air. Combining versatility with ruggedness, the air conditioner may be converted for either skid or trailer-mounted service.

KOMMENTAR: Beachten Sie bitte die Umstellung im letzten Satz. Die andere Lösung: The air conditioner, combining versatility with ruggedness,... wäre zu schwerfällig.

b) The complete air conditioner consists of the air conditioning unit, a remote control panel, a duct storage compartment, and three sections of flexible air ducts.

KOMMENTAR: Ich bin sicher, Sie kämen nicht auf folgende Übersetzung: To the complete air conditioner belong also... oder?

Section III. Data

3. Leading Particulars

Table 1 contains a list of the leading particulars for the air conditioner.

KOMMENTAR: Die seitenlange Aufzählung mit Erklärungen wollen wir uns sparen.

4. Power Requirements

KOMMENTAR: Durch requirements betonen Sie, welchen Strom das Klimagerät haben *muß*. Würden Sie das Deutsche mit Power Supply übersetzen, wäre die Betonung nicht stark genug. Sie unterstreichen das noch durch die Umstellung im nachfolgenden Satz.

An external power source capable of supplying 208 volts a.c. for a 3 phase, 400 cycle, 4 wire electrical system is required to operate the air conditioner. Total power requirement 14 kilowatts.

Chapter 2. Operation

Section I. Preparation for Use

5. General

a) The Model X-10 Air Conditioner was thoroughly tested and inspected before leaving the factory. However, upon receipt of the new unit, a complete inspection should be made to discover any loss of parts, refrigerant leakage or other damage as a result of shipment.

KOMMENTAR: Wird die Modellbezeichnung vorangestellt, ist es üblich, die Gerätebezeichnung mit Großbuchstaben zu beginnen. Das englische however im zweiten Satz sollte immer am Anfang eines Satzes stehen, um eine Einschränkung oder Steigerung deutlicher hervorzuheben.

b) The air conditioner is shipped complete with air ducts, remote control panel and cable. Prior to inspection remove steel banding, crating, shipping blocks, and protective shipping material from the air conditioner. Do not lift the air conditioner off its shipping skid at this time.

c) Before shipment, the air conditioner is given a full charge of refrigerant (30 lbs.); all valves are closed and tagged.

6. Inspection

Inspect the exterior condition of the air conditioner and then remove the access panels. Carefully check all components as indicated in Table 2.

Table 2. Inspection Prior to Operation.

Component	Inspection Procedure
Air ducts	remove air ducts from storage compartment and inspect for tears and other damages
Clutch	rotate by hand and check for free rotation
Compressor	inspect for loose connections, loose or damaged valves, loose mounting bolts, and indications of oil or refrigerant leakage
Compressor motor	inspect for loose terminals and mounting bolts

KOMMENTAR: Die Formulierung check for, Table 2, können Sie in den meisten Fällen für das Deutsche *sie muß sich...* wählen, denn die Übersetzung der deutschen Form mit it must... ist nicht gut.

Section II. Refrigeration Cycle

7. General

This section describes the refrigeration cycle and the function of the components during the operation of the air conditioner. To facilitate the description of refrigerant flow, the system is divided into primary and secondary components.

8. Primary Components

During the refrigeration cycle, the primary components effect four definite changes in the state of the refrigerant: the refrigerant begins the cycle as a low pressure gas.. then becomes a high pressure gas... changes to a high pressure liquid ... then becomes a low pressure liquid.. and completes the cycle as a low pressure gas. The function of the primary components during the refrigeration cycle is described below.

a) The cycle begins as the refrigerant gas is drawn from the low pressure side of the system into the compressor. The action of the compressor changes the low pressure gas to a high pressure gas. During compression, the refrigerant gas acquires considerable heat.

b) The hot high pressure gas is forced out of the compressor and flows directly into the condenser coil. Heat is removed from the gas by air circulating over the tubing of the condenser coil. As the refrigerant vapor is cooled by the the flow of air, condensation occurs and the high pressure gas becomes a high pressure liquid.

c) The liquid refrigerant flows from the condenser coil into the receiver which serves as a storage tank. From the receiver, the high pressure liquid is cooled as it flows through the outer coil of the heat exchanger.

d) The flow continues from the heat exchanger to the thermostatic expansion valve in which the high pressure liquid is changed to a low pressure liquid prior to being metered into the evaporator coil.

e) In the evaporator coil, the low pressure liquid boils into a low pressure gas. This boiling action occurs when the low pressure liquid absorbs heat from the air flowing through the evaporator coil. (The cool air flowing from the evaporator coil is forced out the air discharge as conditioned air).

f) The cold low pressure gas flows out of the evaporator coil, passes through the core of the heat exchanger and returns to the compressor to repeat the cycle. The flow of refrigerant is continuous as long as the compressor is in operation.

KOMMENTAR: Ich nehme an, Sie hatten bei diesen Beschreibungen keine Probleme.

9. Secondary Components

The secondary components are in the refrigeration system to provide safety, simplify servicing, provide automatic operation, and to increase the efficiency of the system.

Section III. Controls and Instruments

10. General

This section describes and locates the controls on the operator's remote control panel as well as the manual and automatic controls provided within the air conditioner.

KOMMENTAR: Im Englischen können wir describes and locates ohne weiteres zusammenziehen und so den Satzbau vereinfachen.

a) Selector Switch. The selector switch may be placed in any of three positions: „OFF", „FAN", and „COOL".

(1) „OFF" — In this position (center), the selector switch disconnects the power to the control circuit.

(2) „FAN" — When the selector switch is in this position (left), the evaporator blower will run continuously to provide only air movement within the conditioned space. The evaporator blower will circulate filtered outside air when the fresh air damper is opened. However, the incoming air is neither heated nor cooled as long as the selector switch is in „FAN" position.

KOMMENTAR: Die Formulierung will circulate ist im Englischen genauer, als wenn man nur sagen würde circulates, denn das Gebläse tut es ja erst, wenn der Lüftungsschieber geöffnet ist.

(3) „COOL" — In this position (right), the selector switch energizes the control circuit and its related components. The air conditioner will provide cool, conditioned air in accordance with the setting of the thermostat.

b) Thermostat. The thermostat is located on the remote control panel. After the selector switch is placed in the „COOL" position, the thermostat controls the operation of the air conditioner automatically.

c) Humidistat. The humidistat is located on the right-hand side of the remote control panel. When dehumidification without cooling is desired in the conditioned space, the humidistat energizes the hot-gas and suction-line solenoids which control the flow of hot refrigerant gas used for the reheat cycle. The reheat cycle utilizes the upper one-third of the evaporator coil. If cooling is required, the humidistat will not function for reheat until the cooling requirement (of the thermostat) is satisfied.

Section IV. Operation Under Normal Condition

15. General

a) The information contained in this section is provided to instruct operating personnel in the proper operation of the air conditioning unit.

Mit diesem Beispiel der Übersetzung einer Bedienungsanweisung vom Deutschen ins Englische beenden wir den Abschnitt. Wir wenden uns jetzt der nächsten Gruppe zu: Technische Vorschriften.

2.4 Technische Vorschriften

Restlos glücklich bin ich mit dieser Bezeichnung nicht. Aber ich glaube, wir können sie verwenden, wenn wir uns der Einschränkung bewußt bleiben. Die Rangfolge zwischen Bedienungsanweisungen und Handbüchern ist nach meiner Meinung jedoch vertretbar.

Diese technischen Vorschriften sind unter Umständen von viel geringerem Umfang als Bedienungsanweisungen. Sie enthalten aber Informationen, die schon in den Bereich der Handbücher gehören. Sie weisen nicht die fast einheitliche Gliederung der Bedienungsanweisungen auf, sondern werden recht willkürlich abgefaßt und weichen derart stark voneinander ab, daß sie eine eigene Überschrift erfordern.

2.4.1 Englisch — Deutsch

Wir wollen das Verfahren aus den Bedienungsanweisungen beibehalten und zunächst den gesamten englischen Text bringen und danach die Übersetzung mit den Kommentaren.

2.4.1.1 Compressor Clutch

General

This compressor clutch has been developed specifically for automobile air conditioning applications. Properly installed, it will provide maintenance free service. The clutch, using a stationary field principle, does not require slip rings or brushes.

The clutch consists of two major components: a stationary magnetic field assembly and a rotor-pulley assembly. The field assembly is mounted on bosses on the compressor. The rotor-pulley assembly is mounted to the compressor crankshaft and driven by V-belts from the engine crankshaft pulley. Electricity energizes the clutch field to couple the clutch magnetically, thus driving the compressor. De-energization of the field releases the clutch and uncouples the compressor.

Wiring

The coil in the field assembly has a single leadwire (hot) and is grounded to the field shell. It will only be necessary to connect this leadwire into the electrical system as recommended by the manufacturer of the air conditioning unit.

Service

This compressor clutch automatically compensates for wear requiring no adjustment throughout the life of the clutch. Do not lubricate the unit. If the clutch should fail to operate, check the electrical circuit to be sure that the proper voltage is being supplied to the clutch. Do not attempt to make any mechanical adjustments on the clutch.

Installation Instructions, Figure 5

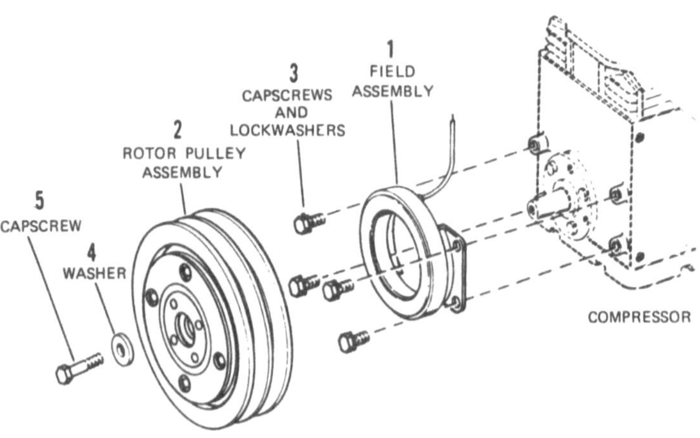

Figure 5. Compressor clutch.

Step 1

Position the field assembly (1) against the compressor bosses, aligning the field mounting holes with the bolt holes in the bosses. Insert four capcrews and lockwashers (3) furnished with the clutch into the bolt holes of the compressor. Tighten the capscrews to a wrench torque of 85-120 inch-lbs. Use caution not to strip the threads in the compressor body.

Step 2

The compressor shaft must be clean and free from burrs. Check the woodruff key for proper position and seating.

Step 3

Slide the rotor pulley assembly (2) on to the tapered shaft, aligning the keyway with the woodruff key in the shaft. Secure the rotor pulley assembly with the washer (4) and self-locking capscrew (5) provided with the clutch.

Step 4

Rotate the pulley assembly manually to assure that there is no interference between the field and rotor. If any interference occurs, a rubbing noise can be heard as the pulley rotates. In case of rubbing or other mechanical interference disassemble the clutch and repeat the installation of the field assembly.

Step 5

Should it be necessary to disassemble the rotor pulley assembly from the compressor, the rotor hub is threaded for this purpose. Remove the self-locking capscrew and washer and insert a fitting capscrew in the threaded portion of the hub. The pressure exerted by the capscrew on the end of the compressor shaft will force off the rotor pulley assembly without damage to the clutch or compressor. Do not use a wheel puller on the outer diameter of the pulley, as this can result in damage to the clutch bearing.

Gehen wir gleich an die Übersetzung dieses englischen Beispiels.

Kompressorkupplung

Allgemeines

Diese Kompressorkupplung ist ausdrücklich für die Anwendung bei Kraftfahrzeug-Klimaanlagen entwickelt worden. Richtig eingebaut funktioniert sie wartungsfrei. Das Prinzip des stationären Magnetfelds macht Schleifringe oder Bürsten überflüssig.

Die Kupplung besteht aus zwei Hauptbauteilen: einem stationären Magnetfeldteil und einer Rotor/Riemenscheibenbaugruppe. Das Magnetfeldteil ist auf Angüssen am Kompressor verschraubt. Die Rotor/Riemenscheibenbaugruppe sitzt auf der Kurbelwelle des Kompressors und wird durch Keilriemen von der Kurbelwellenscheibe des Motors angetrieben. Durch Strom wird das Magnetfeld erregt, zieht die Kupplung an und treibt so den Kompressor, Stromlosmachen des Magnetfelds löst die Kupplung und trennt den Kompressor wieder.

KOMMENTAR: Hier gibt es eine ganze Menge zu sagen. Wir wollen uns vielleicht daran gewöhnen, in Übersetzungen nicht Auto oder Automobil zu sagen, sondern Kraftfahrzeug, wie es ja in der Technik im Deutschen üblich ist. Der zweite Satz ist im Original umständlich und wäre im Grunde überflüssig, denn „richtiger Einbau" ist selbstverständlich. Es hätte sogar genügt zu sagen: *Sie funktioniert wartungsfrei.* Den dritten Satz müssen Sie umbauen! Wörtlich würde er lauten: *Die Kupplung, die das Prinzip eines stationären Magnetfelds gebraucht, erfordert keine Schleifringe oder Bürsten.* Und ob Sie es nun glauben oder nicht, solche Sätze in Übersetzungen haben mich dazu veranlaßt, dieses Buch zu schreiben.

Der zweite Absatz bringt wieder häufig die berühmte assembly. Wo es geht, lassen wir sie weg und sagen *Teil.* Nur bei Rotor/Riemenscheibenbaugruppe lassen wir die Übersetzung wieder gelten.

Anschluß

Die Spule im Magnetfeldteil hat einen einzelnen Leitungsdraht (stromführend) mit Masseanschluß am Magnetfeldgehäuse. Nur dieser Leitungsdraht muß nach den Anweisungen des Herstellers der Klimaanlage an das Bordnetz angeschlossen werden.

KOMMENTAR: Der zweite Satz würde in der Übersetzung zu umständlich klingen; deshalb die vereinfachte Form. Da es in unserem Beispiel um eine Anlage für Kraftfahrzeuge geht, wollen wir nicht von „elektrischer Anlage" oder „Elektrosystem" sprechen, sondern *Bordnetz* sagen.

Wartung

Diese Kompressorkupplung gleicht auftretende Abnützung automatisch aus und erfordert so während der gesamten Lebensdauer keine Nachjustierung. Das Gerät auf keinen Fall schmieren. Sollte die Kupplung ausfallen, den Stromkreis prüfen, ob die richtige Spannung anliegt. Auf keinen Fall versuchen, irgendwelche mechanischen Einstellungen an der Kupplung vorzunehmen.

KOMMENTAR: Das englische do not ist eine Verstärkung der Negation, die wir am besten mit *keinesfalls* oder *auf keinen Fall* wiedergeben.

Einbauanweisungen

Schritt 1

Das Magnetfeldteil, Bild 5, mit den vier Sechskantschrauben und Federringen, die dem Kompressor beiliegen, auf die Angüsse am Kompressor schrauben. Die Sechskantschrauben mit einem Drehmoment von 9,6 bis 13,5 Nm festziehen. Darauf achten, daß die Gewinde im Kompressorgehäuse nicht überdreht werden.

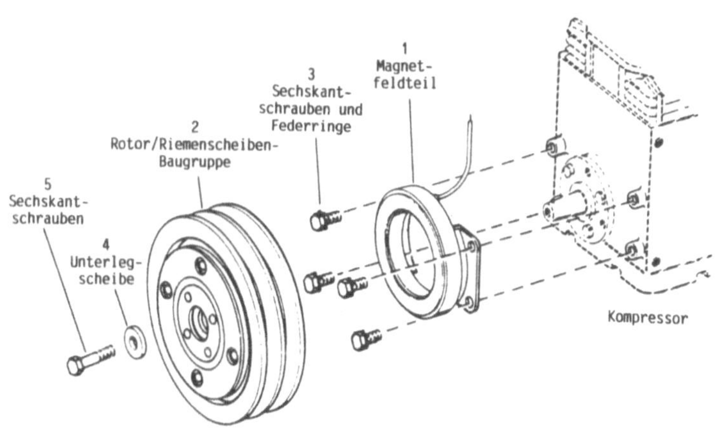

Bild 5. Kompressorkupplung.

KOMMENTAR: Die ersten beiden Sätze sind für deutsche Techniker und Mechaniker fast schon eine Kränkung, und Sie sollten einen derartigen Unsinn nie übersetzen. Daß die Bohrungen aufeinander ausgerichtet und die Schrauben in die Bohrungen am Kompressor eingesetzt werden, ist selbstverständlich.

Schritt 2

Die Kompressorwelle muß sauber und frei von Graten sein. Darauf achten, daß der Keil richtig sitzt.

KOMMENTAR: Der woodruff key hat mit Waldmeister (woodruff) nichts zu tun, sondern ist ein besonders geformter Scheibenkeil. Bei der Übersetzung genügt der Hinweis auf seinen richtigen Sitz.

Schritt 3

Die Rotor/Riemenscheibenbaugruppe 2 auf die konische Welle schieben und dabei auf die Keilnut achten. Die Rotor/Riemenscheibenbaugruppe mit Unterlegscheibe 4 und selbstsichernder Sechskantschraube 5, die der Kupplung beiliegen, befestigen.

KOMMENTAR: Wieder geht die englische Erklärung unnötigerweise zu weit. Der Hinweis auf die Keilnut genügt.

Schritt 4

Die Riemenscheibe von Hand drehen. Magnetfeld und Rotor dürfen sich nicht berühren. Tun sie es doch, ist ein reibendes Geräusch beim Drehen der Riemenscheibe vernehmbar. In diesem Fall und bei anderen mechanischen Störungen die Kupplung wieder abbauen und den Einbau des Magnetfeldteils wiederholen.

KOMMENTAR: Der englische Ausdruck interference ist nicht gut gewählt, denn er wird in der Mechanik äußerst selten gebraucht. Sie sehen wieder, wie Sie solch langatmige Ausführungen kürzer und prägnanter ausdrücken können.

Schritt 5

Sollte es erforderlich sein, die Rotor/Riemenscheibenbaugruppe vom Kompressor abzubauen, so ist die Rotornabe für diesen Zweck mit Gewinde versehen. Die selbstsichernde Sechskantschraube mit der Unterlegscheibe herausdrehen und eine 5/8-11UNC-2B Sechskantschraube (Grobgewinde-Nenn-Dmr. 5/8", 11 Gänge) in den Gewindeteil der Nabe eindrehen. Der von der Sechskantschraube auf das Ende der Kompressorwelle ausgeübte Druck hebt die Rotor/Riemenscheibenbaugruppe ohne Schaden für Kupplung oder Kompressor ab. Auf keinen Fall am Außendurchmesser der Riemenscheibe einen Radabzieher ansetzen, weil dadurch das Kupplungslager beschädigt werden kann.

KOMMENTAR: Bei Normteilen wie der Sechskantschraube 5/8-11UNC-2B bleibt die Originalbezeichnung stehen, weil sie ja mit dieser Bezeichnung evtl. bestellt werden müssen. In Klammern können Sie die Erläuterung geben.

Bei unserem nächsten Beispiel handelt es sich um die Anweisung für das Einlöten von Ventilen in Rohrleitungen.

2.4.1.2 Packless Valves

Installation Instructions for Soldering and Brazing The Tube Connections

The packless valves do not have to be taken apart to be soldered or brazed to tubing, provided care is taken to avoid the application of excessive heat during the soldering or brazing operation.

The time element is very important when applying heat. It should be a matter of seconds not minutes.

For soldering	Use either oxygen-acetylene or equivalent type heating torches.
For brazing	We recommend <u>only</u> the use of an oxygen-acetylene heating torch capable of raising the temperature of the tube socket to the required brazing temperature within a time period of approximately one minute.

Before installing the valve in the line turn the handwheel counterclockwise until the stem backseats. Now, turn the handwheel back clockwise about 1/4 turn to place the valve stem in the proper position for soldering or brazing.

Before making each soldered or brazed joint, wrap a water-soaked cloth around the valve body and bonnet keeping the cloth away from the socket to be soldered or brazed. After the joint has been completed, apply the cloth to the entire valve keeping the cloth well soaked with water to remove the heat as quickly as possible. When the valve temperature has been reduced so that it is cool enough to touch, proceed in the same manner to make the second joint.

Recommended Procedure for Brazing to Copper Tubing

1. Cut tube ends square and remove all burrs.
2. Remove all grease and oil from joint area and clean the outside of the tube with emery cloth.
3. Insert tube to full length of connection socket to insure proper fit. Withdraw tube halfway out of the socket, apply brazing flux evenly over tube and outside of socket and reinsert tube.
4. Wrap wet cloth around the valve body and bonnet but away from the socket to be brazed. With the torch adjusted to a reducing flame apply heat to the entire circumference of the tube over a distance

of approximately 1/2" to 2" from the valve socket to expand the tube and carry the heat down inside the socket.

5. Continue heating until the flux on the tube becomes liquid at which time the flame should be directed on the valve socket as well as the tube but pointed away from the valve body.
6. When the flux has become very fluid and watery in appearance apply the brazing alloy against the heated tube starting at the bottom of the junction of the tube and valve socket. If the joint is at the proper temperature the brazing alloy will flow quickly around the tube and into the socket. If the alloy does not flow readily continue heating until the proper temperature is reached.
7. Remove the flame as soon as the liquid brazing alloy has covered the entire joint and penetrated down into the socket. After a few seconds when the alloy has set, apply a water soaked cloth to the joint and to the entire valve to carry away excess heat as quickly as possible and remove residual flux.
8. When the temperature has been lowered so that the valve is cool enough to touch, proceed in the same manner to complete the second brazing joint. Remove all excess flux using a wire brush if necessary. Finally, check joints for refrigerant leakage.

Übersetzung:

Dichtungslose Ventile

Einbauanweisungen für das Weich- und Hartlöten der Rohrverbindungen.

Die dichtungslosen Ventile müssen zum Weich- und Hartlöten beim Einbau in die Rohrleitungen nicht zerlegt werden, vorausgesetzt, es wird während des Lötvorgangs eine zu starke Erhitzung vermieden.

KOMMENTAR: Im ersten Satz könnten wir für brazing entweder „hartlöten oder „schweißen" sagen. Da es aber dem Weichlöten gegenübergestellt wird, ist es rein sprachlich gesehen in diesem Fall besser, *hartlöten* zu wählen.

Den zweiten Satz habe ich stark vereinfacht, ohne aber das Wesentliche zu unterschlagen.

Übersetzung:

Das Zeitelement spielt eine sehr wichtige Rolle bei der Erhitzung: es sollte eine Sache von Sekunden, nicht von Minuten sein.

Zum Weichlöten	*entweder einen Azetylensauerstoffgasbrenner oder ein gleichwertiges Gerät verwenden.*
Zum Hartlöten	*empfehlen wir ausschließlich den Gebrauch eines Azetylensauerstoffgasbrenners, mit dem es möglich ist, die Temperatur der Rohrmuffe innerhalb von etwa 1 min auf die erforderliche Löttemperatur zu bringen.*
KOMMENTAR:	Die englische Bezeichnung heating torch übernehmen wir in der Übersetzung nicht, sondern sagen lediglich *Brenner*. Außerdem ist nicht der Brenner in der Lage — capable of —, die Temperatur zu erhöhen, sondern das geschieht mit seiner Hilfe, was Sie auch so übersetzen sollten.

Übersetzung:

Vor dem Einbau des Ventils in die Rohrleitung das Handrad nach links drehen, bis der Ventilschaft anstößt. Jetzt das Handrad wieder nach rechts drehen, und zwar etwa eine Vierteldrehung, um den Schaft in die richtige Stellung für das Weich- oder Hartlöten zu bringen.

KOMMENTAR:	Die Ausdrücke counter-clockwise und clockwise — „gegen den Uhrzeigersinn" und „im Uhrzeigersinn" — wollen wir doch lieber mit *nach links* und *nach rechts* übersetzen. Until the stem backseats ist typische shop language, die wir aber wie oben ausdrücken.

Übersetzung:

Ehe jede weich- oder hartgelötete Verbindung hergestellt wird, ein mit Wasser getränktes Tuch um den Ventilkörper und die Ventilhaube wickeln, dabei jedoch nicht die zu verlötende Muffe mit dem Tuch bedecken. Nach dem Verlöten der Fuge das gut mit Wasser getränkte Tuch über das ganze Ventil wickeln, um die Hitze so schnell wie möglich abzuleiten. Ist die Temperatur des Ventils so weit verringert, daß man es anfassen kann, die zweite Verbindung auf gleiche Weise herstellen.

KOMMENTAR:	Die Wiederholungen innerhalb eines Satzes, wie soldered or brazed machen wir in der Übersetzung nicht mit, sondern umschreiben sie.

Übersetzung:

Empfohlenes Verfahren für das Hartverlöten in Kupferrohrleitungen.

1. *Rohrenden rechtwinklig schneiden und alle Grate entfernen.*

2. *Alles Fett und Öl in der Umgebung der Verbindungsstellen abreiben und das Rohr außen mit Schmirgelleinen säubern.*

3. *Das Rohr bis zum Anstoß in die Verbindungsmuffe schieben, um den richtigen Sitz festzustellen. Das Rohr wieder halb aus der Muffe herausziehen, Lötmittel gleichmäßig auf Rohrende und Außenseite der Muffe auftragen und das Rohr wieder hineinschieben.*

4. *Ein nasses Tuch um den Ventilkörper und die Ventilhaube wickeln, aber die zu verlötende Muffe freilassen. Den Brenner richtig einstellen und mit der Flamme den gesamten Umfang des Rohres auf einer Länge von 12 bis 50 mm vom Rand der Ventilmuffe weg erhitzen, um das Rohr zu dehnen und die Wärme in die Muffe hineinzuleiten.*

KOMMENTAR: Hier ist wieder ein Fall gegeben, wo wir vom Originaltext abweichen und den Inhalt mit eigenen Worten wiedergeben können. Die wörtliche Übersetzung wäre zu schwerfällig.

5. *Mit der Erhitzung fortfahren, bis das Lötmittel auf dem Rohr flüssig wird. Jetzt muß die Flamme auch auf die Ventilmuffe gerichtet werden, aber vom Ventilkörper weggeneigt.*

6. *Wenn das Lötmittel sehr flüssig und wässerig im Aussehen geworden ist, das Hartlot an das erhitzte Rohr halten und dabei an der Unterseite der Fuge zwischen Rohr und Ventilmuffe beginnen. Wenn die Fuge die richtige Temperatur erreicht hat, fließt das Hartlot schnell um das Rohr und in die Muffe hinein. Ist das nicht der Fall, weiter erhitzen bis die erforderliche Temperatur erreicht ist.*

7. *Die Flamme wegnehmen, sobald das flüssige Hartlot die ganze Fuge bedeckt und in die Muffe eingedrungen ist. Nach wenigen Sekunden, wenn das Hartlot fest geworden ist, ein mit Wasser getränktes Tuch um die Fuge und das ganze Ventil wickeln, um die Wärme so schnell wie möglich abzuleiten und das restliche Lötmittel zu entfernen.*

8. *Wenn die Temperatur gesenkt worden und das Ventil so kühl ist, daß man es anfassen kann, wird auf die gleiche Weise die zweite Verbindung gelötet. Falls erforderlich, mit einer Drahtbürste das überschüssige Lötmittel entfernen. Schließlich die Verbindungsstellen auf Dichtigkeit prüfen.*

KOMMENTAR: An diesem Beispiel konnte ich Ihnen zeigen, daß man manchmal recht frei übersetzen kann, wenn der Originaltext dazu herausfordert. Sie werden bemerkt haben (ich hoffe es!), daß ich das Wort joint unterschiedlich übersetzt habe. Auch der englische Text geht recht großzügig damit um. Sie können so etwas immer tun, solange der Inhalt nicht verfälscht wird. Der Sinn einer guten Übersetzung ist es, nicht als Übersetzung erkannt zu werden.

2.4.2 Deutsch - Englisch

Für die Übersetzung ins Englische nehmen wir ein etwas längeres Beispiel aus der Galvanik.

Nitrieren von Stahlwerkstücken

1. Anwendung

a) Diese Spezifikation behandelt das Nitrierverfahren für Stahllegierungen, um eine harte, widerstandsfähige Oberfläche auf Arbeitsflächen von Werkstücken zu erzeugen oder um den Ermüdungswiderstand in besonderen Fällen zu verbessern.

2. Allgemeines

a) Die üblicherweise nach diesem Verfahren behandelten Stähle sind 3%-CR-Molybdän-Legierungen. Die Härte der nitrierten Flächen beträgt mindestens 750 VPN (Vickers-Prüflast in Newton).

b) Für eine wirtschaftliche Anwendung des Verfahrens ist es ratsam, die Schichtdicke auf ein Standardmaß von 0,178 bis 0,229 mm festzulegen (zu erzielen durch 24-stündige Behandlung). Ist eine tiefere Schicht erforderlich, ist ein Maß von 0,305 bis 0,356 mm festzulegen (Behandlungsdauer 60 h).

c) Werkstücke, die nicht überall nitriert werden müssen, sind da, wo es erforderlich ist, durch Bronzieren oder ein anderes zugelassenes Verfahren zu schützen.

d) Schraubengewinde sind vor der Wirkung der Nitriergase zu schützen.

e) Scharfe Kanten sind zu vermeiden. Das ist notwendig, um den Aufbau hohen Nitridgehalts zu verhindern, der zu Sprödigkeit führt.

f) Eine stabilisierende Wärmebehandlung bei 550 °C ist ein wesentlicher Teil des Nitrierverfahrens und muß an allen Werkstücken vor dem eigentlichen Nitrieren durchgeführt werden.

g) Es ist zu beachten, daß die Teile dazu neigen, durch den Nitriervorgang in der Dicke zuzunehmen; diese Zunahme beträgt bei einer Fläche etwa 0,012 mm. Alle nitrierten Flächen verlangen deshalb, nach der Behandlung geläppt zu werden, was normalerweise ausreicht, um die korrekten Maße der Werkstücke wiederherzustellen.

3. Erforderliche Ausrüstung

a) Tri-Dampfentfetter und ein Vorrat von Trichlorethylen ES580, Typ C.

b) Ein Vorrat von denaturiertem Industriealkohol.

c) Weicher Eisen- oder Kupferdraht.

d) Saubere Baumwollhandschuhe und Lappen.

e) Elektroofen für Dauertemperaturen bis 550 °C, mit thermoelektrischer Regelung und Kontrolleinrichtung mit Anzeige für Ofen- und Chargentemperatur.

f) Behälter mit abnehmbaren Deckel, der gasdicht zu verschließen ist. Die Behälter müssen mit Anschlüssen für Gaseinlaß und -auslaß versehen sein, und es muß möglich sein, ein ummanteltes Thermoelement in die Mitte der Charge einzuführen.

g) Chromerzpulver oder Alu-Asbestdichtungen für die Abdichtung der Behälterdeckel.

h) Werkstückträger-Gitter aus reinem Ni-Draht.

i) Anhydrisches Ammoniakgas in Flaschen (40 kg Fassungsvermögen).

j) Gasdurchflußmesser und Steuerteil. Dieses muß mit einer Rohrabzweigung ausgestattet sein, damit leere Falschen während der Nitrierung ausgewechselt werden können.

k) Nitrometer, das aus einem gläsernen 100-ml-Meßrohr besteht, dessen oberes Ende an einem 100-ml-Vorratstrichter befestigt ist. Am Stiel des Trichters befindet sich ein Absperrhahn. Ebenfalls am oberen Ende des Meßrohrs sitzt ein 3-Wege-Hahn. Das untere Ende des Meßrohrs ist mit einem Absperrhahn verschlossen. Das Nitrometer soll in einem Holzgehäuse mit Glasfront untergebracht sein.

l) Ein Satz von zwei Waschflaschen in Reihe.

ANMERKUNG: *Der Gasdurchflußmesser sitzt in der Zuführungsleitung, das Nitrometer und die Waschflaschen in der Abgasleitung. Die erste Waschflasche (in der Reihenfolge) ist ein Wasserschluß gegen Rückstau, die zweite enthält Wasser, gesättigt mit Ammoniak, das Einlaßrohr taucht in das Wasser ein.*

4. Verfahren

a) Wo es erforderlich ist, Drahtaufhängungen anbringen.

b) Werkstücke und Prüflinge in Tri-Dampf sorgfältig entfetten.

c) Teile mit denaturiertem Alkohol abreiben.

ANMERKUNG: Von jetzt ab die Teile nur noch an der Drahtaufhängung, mit Baumwollhandschuhen oder sauberen Lappen anfassen.

d) Einbringen der Werkstücke und Prüflinge in den Behälter. Die unterste Lage muß auf Ni-Drahtgittern und nicht auf dem Behälterboden liegen. Die folgenden Lagen sind ebenfalls auf Gittern unterzubringen, die auf der jeweils darunter liegenden Lage von Werkstücken ruhen. An Drähten befestigte Teile sind auch an Ni-Drähten aufzuhängen. Beim Einlegen ist darauf zu achten, daß Werkstücke sich nicht untereinander oder die Behälterwände berühren. Zu nitrierende Flächen dürfen nicht verdeckt sein. Es dürfen auch keine Hohlräume entstehen, in denen Gas stagnieren könnte.

e) Den Behälter mit dem Deckel verschließen und diesen entsprechend seiner Form gasdicht machen.

f) Ammoniakgas aufdrehen und so einregeln, daß die Luftblasen in der Waschflasche oder der Durchflußmesser — falls vorhanden — einen gleichmäßigen Strom anzeigen.

ANMERKUNG: Für den 0,28-m^3-Kasten des Horizontalofens ist eine Durchflußmesseranzeige von 0,98-m^3/h erforderlich.

g) Das Gas weiter durch den Kasten strömen lassen und in gleichen Zeitabständen die Abgaswerte ablesen, bis der Luftgehalt auf 4% herabgesetzt ist. Ist dieser Wert erreicht, muß der Ofen eingeschaltet werden.

ANMERKUNG: Bei dem Horizontalofen wird dieser Zustand in etwa 4 bis 6 h erreicht, bei dem Vertikalofen in 1 bis 1 1/2 h.

h) Die Temperatur des Behälters auf (510 $\pm$ 5) °C bringen.

ANMERKUNG: Die dafür erforderliche Zeit:
Horizontalofen etwa 20 h,
Vertikalofen etwa 8 h.

i) Die Dauer des Nitriervorgangs wird von diesem Zeitpunkt an gerechnet, entweder für die festgelegte Zeitspanne oder für die zur Erreichung der festgelegten Tiefe erforderliche Zeit.

j) Im Abstand von 2 h sind während des ganzen Vorgangs Abscheidungstests durchzuführen und die Ergebnisse aufzuzeichnen. Die Abschei-

dung, die im Meßrohr angezeigt wird, muß während des ganzen Vorgangs auf 25 bis 30 % gehalten werden. Um diese Rate zu halten, kann es nötig sein, den Gasdurchfluß nachzuregeln, d.h. zur Steigerung der Abscheidungsrate den Gasdurchfluß zu verringern, zur Minderung den Gasdurchfluß erhöhen.

k) *Nach Abschluß des Nitriervorgangs den Ofen abschalten, aber den Gasdurchfluß beibehalten, bis der Behälter auf 150 °C abgekühlt ist.*

   ANMERKUNG: Die dafür erforderliche Zeit:
   Horizontalofen etwa 24 h,
   Vertikalofen etwa 4 bis 5 h.

l) *Ist der Behälter auf 150 °C abgekühlt, das Gas abstellen und den Behälter aus dem Ofen nehmen. Den Deckel abheben und die Werkstücke herausnehmen, wenn sie auf etwa 40 °C abgekühlt sind.*

5. *Prüfung der Abscheidung der Abgase*

a) *Trichter mit Wasser füllen, den unteren Absperrhahn des Meßrohrs öffnen und die Gase 1 bis 2 min lang durch das Meßrohr leiten. Den unteren Hahn schließen; den oberen Hahn so drehen, daß das Gas in die Abgasleitung strömt; den unteren Hahn kurz öffnen und wieder schließen.*

b) *Den Wasserhahn öffnen. Es fließt das gleiche Volumen Wasser in das Meßrohr, wie unabgeschiedenes Ammoniak in der Gasprobe enthalten ist. Das Volumen über dem Wasser gleicht dem der nichtabgeschiedenen Gase. Das Meßrohr ist umgekehrt kalibriert, damit das Volumen dieser Gase direkt abgelesen werden kann.*

c) *Alles Wasser aus Meßrohr und Trichter in ein geeignetes Gefäß ablassen, Absperrhähne schließen und Trichter wieder füllen.*

6. *Prüfung der Werkstücke*

a) *Die Schichtdicke ist durch Messen eines polierten Prüflings, der in 2 %-Nitol geätzt wurde, oder durch einen Härtetest zu bestimmen. Die durch Ätzen gemessene Dicke ist jene Zone, die sich anders als das Kernmaterial ätzt, d.h. es ist die wirksam nitrierte Schicht. Wird die Schichtdicke durch Härteprüfung bestimmt (entweder an einem Querschnitt oder an einem kegelig geschliffenen Prüfling) ist eine Härte von 450 VPN als Grenzwert der Schicht anzunehmen.*

b) *Alle Werkstücke sind auf der Vickers-Härteprüfmaschine mit einem Druck von 49 N zu testen. Die Härte des Stahls darf nicht unter 750 VPN liegen.*

ANMERKUNG: Die Oberfläche ist oft verhältnismäßig weich, und leichtes Polieren mit einem Schmirgeltuch ist zu ihrer Entfernung erforderlich, um die korrekte Härteanzeige zu erhalten.

Übersetzung:

Nitriding of Steel Parts

1. Scope

a) This specification covers the nitriding treatment of alloy steels to produce a hard wear-resistant surface on bearing areas of parts, or to improve fatigue resistance in special cases.

2. General

a) The steels commonly treated in accordance with this process specification are alloys of the 3%-Chromium-Molybdenum type. The hardness of the nitrided surfaces is 750 VTN (Vickers test load in Newton) minimum.

b) It is advisable, for economic operation of the process, to restrict case-depth requirements to a standard depth of .007-.009" (obtained by a 24-hour treatment). When a deeper case is required, a depth of .012-.014" (obtained by a 60-hours treatment) should be specified.

KOMMENTAR: Sie werden sich wohl wundern über den englischen Ausdruck **case** für Schicht. Sehen Sie nur unter „Schicht" nach, stoßen Sie auf „layer". Da es sich aber in unserem Fall um Nitrieren handelt, müßten Sie unter *Nitrierschicht* nachsehen und finden dort **case**.

c) Parts not required to be nitrided all over are to be protected where necessary by bronze plating or other approved process.

d) Screw threads are to be protected against the action of the nitriding gases.

e) Sharp corners are to be avoided. This is necessary to avoid the build-up of high nitride contents and consequent brittleness.

f) A stabilizing heat-treatment at 550 °C is an essential part of the nitriding process and must be carried out on all parts at a stage preceding the actual nitriding.

g) It should be noted that parts tend to increase dimensionally as a result of the nitriding operation; this growth is approximately .0005" per surface. All nitrided surfaces require to be lapped after treatment, which is normally adequate to restore parts to the correct dimensions.

3. Equipment and Materials Required

KOMMENTAR: Es ist ratsam, die Überschrift auf Materials zu erweitern, da das deutsche „Ausrüstung = Equipment“ nicht unbedingt auch Materialien einschließt.

a) Trichlorethylene vapour degreaser and a supply of trichlorethylene ES580, Type C.

b) A supply of industrial methylated spirit.

c) Soft iron or copper wire.

d) Clean cotton gloves and cloths.

e) Electrically heated furnace, capable of operating at steady temperatures up to 550 °C, with thermoelectrically operated control and monitoring equipment indicating furnace and charge temperature.

f) Containers having removable covers which may be closed gas-tight. The containers must be equipped with connections for gas inlet and outlet and it must be possible to insert a sheathed thermo-couple into the centre of the charge.

g) Chrome-ore powder or aluminum-asbestos gaskets for sealing the box covers.

KOMMENTAR: Es handelt sich um eine ältere Spezifikation; deshalb noch der Hinweis auf Asbest.

h) Workpiece supporting grids consisting of pure nickel wire.

i) Anhydrous ammonia in cylinders (88 lbs capacity).

j) Gas flow meter and control unit. This is to be equipped with a manifold fo facilitate replacement of empty cylinders during a nitriding run.

k) Nitrometer consisting of a 100 ml glass burette, the upper end fitted to a 100 ml reservoir funnel. A stop-cock is fitted to the stem of the funnel. A 3-way stop-cock is also fitted to the upper end of the burette. The lower end of the burette is closed by another stop-cock. The nitrometer should be housed in a glass fronted wooden case.

l) A set of 2 wash bottles in series.

NOTE: The gas flow meter is fitted into the gas supply line, the nitrometer and wash bottles are in the exhaust gas line. The first wash bottle (in order) constitutes a trap against back-pressure, the second contains water saturated with ammonia; the inlet tube is dipping below the water level.

KOMMENTAR: In diesem Abschnitt war nicht viel zu kommentieren. Ich gebe mich der Hoffnung hin, daß Sie erst von sich aus übersetzt haben und danach Ihren Text mit meinem verglichen.

4. Procedure

a) Attach suspension wires where required.

b) Degrease parts and test pieces thoroughly in a trichlorethylene vapour degreaser.

c) Wipe parts with methylated spirits.

NOTE: All subsequent handling must be done by suspension wires, cotton gloves, or clean cloths.

d) Pack parts and test pieces into the container. The lowest layer must be placed on nickel wire grids and not on the bottom of the container. Subsequent layers are also to be supported on nickel wire grids resting on the previous layer of parts. Wire suspended parts are to be hung from nickel wire grids themselves. When packing take care that parts do not touch each other, or the walls of the container; there must be no masking of surfaces which require to be nitrided nor must there be pockets of stagnant gas.

e) Lower the cover on to the container. The cover must be made gastight by the method appropriate to the design of the box.

f) Turn on the ammonia gas and adjust until a steady flow is indicated by the rate of bubbling through the wash bottle, or by the flowmeter (if fitted).

NOTE: The approximate gas flow requirement for the 10 cu ft box of the horizontal furnace is 35 cu ft per hour as indicated by the flowmeter.

KOMMENTAR: Achten Sie auf die Satzumstellungen in den Anmerkungen.

g) Continue the flow of ammonia gas through the box taking periodic readings of the exhaust gases until the air content has been reduced to 4%. When this figure has been reached, the furnace is to be switched on.

NOTE: This condition is reached in some 4-6 hours with the horizontal furnace, and in 1-1 1/2 hours in the case of the vertical furnace.

h) Raise the temperature of the container to 510 °C ± 5 °C.

NOTE: This will take approximately 20 hrs for the horizontal furnace and 8 hours for the vertical furnace.

i) The nitriding run is timed from this point for either the specified period or for the time to obtain the specified depth.

j) Dissociation tests are to be made at two-hourly intervals throughout the run, and the results recorded. Dissociation as indicated by the burette must be maintained at 25-30% throughout the run. Gas flow adjustments may be required to maintain this rate, i.e., to increase dissociation rate — reduce gas flow; to reduce dissociation — increase gas flow.

k) On completion of nitriding period, cooling down must be effected by switching off the furnace and maintaining gas flow until container temperature drops to 150 °C.

NOTE: This will take approximately 24 hours for the horizontal furnace and 4-5 hours for the vertical furnace.

l) When the container has cooled to 150 °C the gas flow may be stopped and the container removed from the furnace. Take off the cover and unload parts when they are cooled down to approximately 40 °C.

5. Testing Dissociation of the Exhaust Gases

a) With the funnel filled with water open the lower stop-cock of the burette and divert the gases through the burette for 1-2 minutes. Close the lower stop-cock, turn upper stop-cock to direct gas to the exhaust system, open the lower stop-cock momentarily and reclose.

b) Open the water tap. Water will flow into the burette equal in volume to the amount of undissociated ammonia contained in the gas sample. The volume above the water is equivalent to the dissociated gases. The burette is calibrated inversely to read directly the volume of these gases.

c) Drain all water from the burette and funnel into a suitable receptacle, close stop-cocks and refill the funnel.

6. Testing Parts

a) The depth of case must be determined by measuring a polished specimen etched in 2%-Nitol, or by a hardness test. The depth measured by etching will be the zone which etches differentially from the core material, this being the effective nitrided layer. When case-depth is determined by hardness testing (either of a transverse section or of a taper ground sample) a hardness of 450 VPN is to be taken as the limit of the case.

b) All parts must be hardness tested using the Vickers Hardness Testing Machine with a 49 N load. Hardness of S 106 type steel must be not less than 750 VPN.

NOTE: The superficial layer is often comparatively soft and light polishing with emery cloth is necessary in order to remove it and obtain the correct hardness reading.

Das war unser Ausflug in die Galvanik. Ich habe die Spezifikation etwas verkürzt gebracht, weil wir uns ja nicht in dem Fach ausbilden wollen, sondern mit der Sprache befassen. Ich habe auch nicht viel kommentiert in der Hoffnung, daß Sie, lieber Leser, Ihre Übersetzung mit der meinen vergleichen und daraus etwas lernen können.

Wir kommen nunmehr zu dem Abschnitt, der sich mit den umfangreichsten technischen Texten befaßt, den Technischen Handbüchern.

2.5 Handbücher

Eine der großen Herausforderungen für den Übersetzer technischer Texte sind die Handbücher. Naturgemäß schwankt ihr Umfang beträchtlich, da er vom Gegenstand abhängt, und auch Form und Aufbau variieren sehr stark. Auch in der amerikanischen und englischen Industrie gibt es noch keine einheitliche Form für die Handbücher, die bei uns ebenfalls recht willkürlich abgefaßt werden, ausgenommen die Handbücher für die Streitkräfte.

Die Handbücher enthalten mehr oder weniger alles, was wir bisher besprochen haben. Doch wir werden uns jetzt nur mit dem befassen, was darüber hinausgeht, und das ist eine ganze Menge. Ehe ich weitere Erläuterungen gebe, schauen wir uns ein durchschnittliches *Inhaltsverzeichnis* eines solchen Handbuches an, bei dem es sich wieder um ein Klimagerät handelt.

Table of Contents

Chapter	1	Introduction
Section	I	General
Section	II	Description and Data
Section	III	Theory

Chapter	2	Operating Instructions
Section	I	Servise Upon Receipt of Equipment
Section	II	Controls and Instruments
Section	III	Operation Under Usual Conditions
Section	IV	Operation Under Unusual Conditions
Chapter	3	Maintenance Instructions
Section	I	Special Tools and Lubricants
Section	II	Preventive Maintenance
Section	III	General Servicing and Repair Instructions
Section	IV	Refrigerant System Servicing
Section	V	Troubleshooting
Section	VI	Housing Panels
Section	VII	Air Circulation System
Section	VIII	Air Conditioner Electrical System
Chapter	4	Repair And Overhaul Instructions
Section	I	Overhaul and Replacement Standards
Section	II	Housing Panels
Section	III	Air Conditioner Refrigerant System
Section	IV	Motor Compressor Assembly
Section	V	Air Conditioner Electrical System
Section	VI	Air Circulation System
Section	VII	Frame Assembly
Chapter	5	Shipment and Limited Storage
Section	I	Shipment and limited Storage
Appendix		List of All Parts and Special Tools
Section	I	Introduction
Section	II	Basic Issue Items List
Section	III	List of all Parts
Section	IV	Special Tools List

Übersetzung:

Inhalt

Kapitel	*1*	*Einführung*
Abschnitt	*I*	*Allgemeines*
Abschnitt	*II*	*Beschreibung und technische Daten*

Abschnitt	*III*	*Arbeitsweise*
Kapitel	*2*	*Bedienungsanweisungen*
Abschnitt	*I*	*Arbeiten bei Empfang des Geräts*
Abschnitt	*II*	*Bedienteile und Instrumente*
Abschnitt	*III*	*Betrieb unter normalen Bedingungen*
Abschnitt	*IV*	*Betrieb unter erschwerten Bedingungen*
Kapitel	*3*	*Wartungsanweisungen*
Abschnitt	*I*	*Sonderwerkzeuge und Schmiermittel*
Abschnitt	*II*	*Vorbeugende Wartung*
Abschnitt	*III*	*Allgemeine Wartung und Instandsetzung*
Abschnitt	*IV*	*Wartung des Kühlmittelsystems*
Abschnitt	*V*	*Störungssuche und -beseitigung*
Abschnitt	*VI*	*Gehäuseverkleidung*
Abschnitt	*VII*	*Luftzirkulationssystem*
Abschnitt	*VIII*	*Elektrische Anlage des Klimageräts*
Kapitel	*4*	*Instandsetzungs- und Überholungsanweisungen*
Abschnitt	*I*	*Überholungs- und Austauschnormen*
Abschnitt	*II*	*Gehäuseverkleidung*
Abschnitt	*III*	*Kühlmittelsystem des Klimageräts*
Abschnitt	*IV*	*Motor/Kompressorbaugruppe*
Abschnitt	*V*	*Elektrische Anlage des Klimageräts*
Abschnitt	*VI*	*Luftzirkulationssystem*
Abschnitt	*VII*	*Gehäuseteile*
Kapitel	*5*	*Versand und begrenzte Lagerung*
Abschnitt	*I*	*Versand und begrenzte Lagerung*
Anhang		*Auflistung aller Teile und Sonderwerkzeuge*
Abschnitt	*I*	*Einleitung*
Abschnitt	*II*	*Liste der Grundausstattungsteile*
Abschnitt	*III*	*Liste aller Teile*
Abschnitt	*IV*	*Liste der Sonderwerkzeuge*

Wir wollen aus dieser langen Liste nur einige Abschnitte herausgreifen und behandeln. Im Hinblick auf den Umfang unseres Abschnitts 2.5 werden wir uns nur mit Englisch - Deutsch befassen.

Tips und Hinweise auf die Übersetzung Deutsch - Englisch werden — so hoffe ich — daraus hervorgehen.

Im Kapitel „Wartungsanweisungen" werden meistens die Sonderwerkzeuge für die Wartung — falls solche vorgesehen sind — sowie die Schmiermittel und -stellen ausgeführt. Die Arbeiten für die vorbeugende Wartung sind aufgeteilt in täglich durchzuführende und vierteljährlich vorzunehmende Arbeiten. Sehr häufig sind sie tabellarisch aufgezählt. Den Abschnitt III, Allgemeine Wartung und Instandsetzung, in unserem Beispiel sehen wir uns etwas genauer an.

Section III. General Servicing and Repair Instructions

39. General

a) The maintenance area should be equipped with such standard items of equipment as suitable air and electrical outlets and work benches. It is important that the maintenance area be clean and dust-free. Keep hardware and small parts together in trays to prevent them from being mislaid. Cover parts which are to stand for any period of time with clean paper or suitable coverings.

b) Discard all lockwire, cotterpins, lockwashers, tab lockwashers, preformed packings, and composition gaskets as they are removed. When removing preformed packings, be careful not to damage the preformed packings cavities and/or adjacent surfaces involved in sealing.

40. Maintenance of Refrigerant System in Air Conditioning Unit

The refrigerant system piping must be absolutely clean and the joints properly connected in order to eliminate contamination or leakage of the refrigerant.

a) Keep all tubing sealed. When a refrigerant line is disconnected, seal it immediately with masking tape or plug it depending on the type of connection.

b) Keep all installation and servicing tools, test gauges, and replacement parts clean.

c) When adding oil, use a clean, moisture-free oil container. Cap the oil container immediately after use to eliminate moisture contamination of the oil.

d) Do not keep the air conditioning unit open longer than necessary. When a system must be opened, the servicing tools and other equipment must be ready for use so that minimum time is required to perform the operation.

41. Refrigerant Tubing Maintenance

All tube assemblies with a flared end mate with a fitting machined to accomodate preformed packings when the coupling nut on the tube assembly is threaded onto the fitting. The combination of the mating flares and the compressed preformed packing ensures a leakproof connection, see Figure 6. New preformed packings are required if a tube assembly

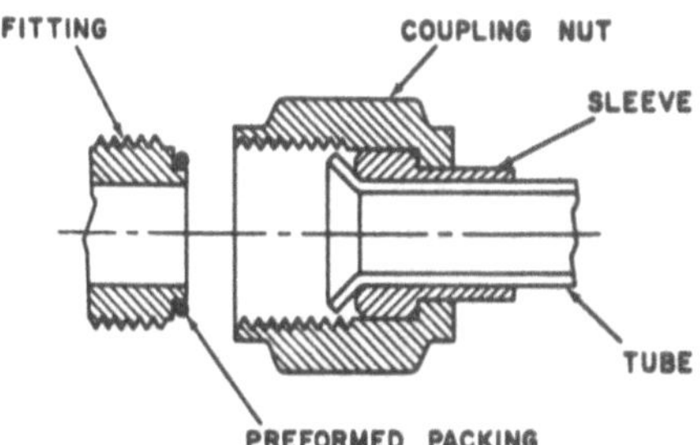

Figure 6. Typical preformed packing application on tube and fittings.

is removed for inspection or replacement. When installing tube assemblies tighten the coupling nut to the torque requirements as shown in Table 3. When refrigerant tubing is repaired, replaced, or otherwise altered, clean the tube assemblies with trichlorethylene and dry them with moisture-free compressed air.

Table 3. Torque Requirements.

Tube Size OD	Nut size	Torque in/lbs			
		Aluminun tubing		Steel tubing	
		min	max	min	max

WARNING: Severe skin burns and injury to the eyes can result from contact with liquid Refrigerant-12. Wear protective gloves and goggles when disconnecting lines which may contain Refrigerant-12.

Übersetzung:

Abschnitt III. Allgemeine Wartung und Instandsetzungsanweisungen

39. Allgemeines

a) Im Wartungsbereich müssen Standardeinrichtungen, wie geeignete Preßluftanschlüsse, elektrische Steckdosen und Werkbänke, vorhanden sein. Es ist selbstverständlich, daß der Wartungsbereich sauber und staubfrei sein muß. Schrauben und Kleinteile in Schalen zusammenhalten, damit nichts verlegt werden kann. Teile, die eine Zeitlang stehen bleiben müssen, mit sauberem Papier oder sonstiger geeigneter Abdeckung zudecken.

KOMMENTAR: Die wörtliche Übersetzung des ersten Satzes würde sehr „literarisch" klingen, was wir in der Technik vermeiden wollen. Sie müssen sich einen solchen Satz durchlesen und erkennen, was gemeint ist. Dann ist es nicht mehr schwer, Ihre Erkenntnis mit Ihren Worten wiederzugeben.

b) Alle Sicherungsdrähte, Splinte, Federringe, Sicherungsbleche, vorgeformte und zusammengesetzte Dichtungen beim Ausbauen aussondern. Beim Entfernen von vorgeformten Dichtungen = Formdichtung darauf achten, daß die Dichtungsnute sowie anliegende, an der Abdichtung beteiligte Flächen nicht beschädigt werden.

KOMMENTAR: Den Ausdruck discard übersetzen wir am besten mit *aussondern*, denn darin ist der Sinn von „nicht mehr verwenden" deutlicher. Der englische Ausdruck tab lockwasher ist falsch. Er müßte heißen *tab washer*. Es handelt sich um ein Sicherungsblech mit einer Nase, die an die Mutter oder den Schraubenkopf geschlagen wird. Packings und gaskets sind beides Dichtungen, so daß wir sie im ersten Satz getrost zusammennehmen können.

40. Wartung des Kühlmittelsystems

Die Rohrleitungen des Kühlmittelsystems müssen absolut sauber und die Verbindungen vorschriftsmäßig hergestellt sein, damit Verschmutzung oder Leckage des Kühlmittels unmöglich sind.

a) *Alle Rohre abgedichtet halten. Wird eine Kühlmittelleitung abgetrennt, muß sie sofort mit Klebeband oder — je nach Art der Verbindung — mit Stopfen abgedichtet werden.*

b) *Alle Einbau- und Wartungswerkzeuge, Meßinstrumente und Ersatzteile sauber halten.*

c) *Zum Auffüllen von Öl einen sauberen, feuchtigkeitsfreien Ölbehälter verwenden. Den Ölbehälter nach Gebrauch sofort wieder verschließen, um eine Verunreinigung des Öls durch Feuchtigkeit zu verhindern.*

d) *Systeme des Klimageräts keinesfalls länger als erforderlich geöffnet lassen. Muß ein System geöffnet werden, sind Wartungswerkzeuge und andere Geräte vorher bereitzulegen, so daß nur ein Mindestmaß an Zeit für die Durchführung der Arbeit benötigt wird.*

KOMMENTAR: Sie müssen jetzt schon in der Lage sein zu erkennen, daß der erste Satz nicht wörtlich übersetzt werden darf, weil er falsch ist. Das Klimagerät ist bei Betrieb immer geöffnet, und darum geht es also nicht um dieses selbst, sondern um seine Systeme. Solche „Fehler“ müssen in der Übersetzung korrigiert werden.

41. Wartung der Kühlmittelleitungen

KOMMENTAR: „Genießen“ Sie einmal mit mir eine wörtliche Übersetzung des ersten Satzes und glauben Sie mir: Man kann so etwas tatsächlich in Übersetzungen lesen!

Alle Rohrbaugruppen mit einem konisch erweiterten Ende passen zu einem Verbindungsstück, das so bearbeitet ist, daß es eine vorgeformte Dichtung aufnimmt, wenn die Überwurfmutter auf der Rohrbaugruppe auf das Verbindungsstück geschraubt wird. Die Kombination von passendem Konus und komprimierter vorgeformter Dichtung sichert eine dichte Verbindung. Noch komplizierter kann man das nicht ausdrücken! Zum Glück ist eine Erklärung in einem Bild gegeben. Sehen Sie sich in einem solchen Fall das Bild an, und finden Sie eigene Worte zu seiner Beschreibung.

Übersetzung:

Bei allen Rohrbaugruppen mit konisch erweiterten Enden wird die Über-

wurfmutter auf ein Verbindungsstück mit einer vorgeformten Dichtung = Formdichtung geschraubt. Diese Kombination garantiert eine dichte Verbindung, Bild 6.

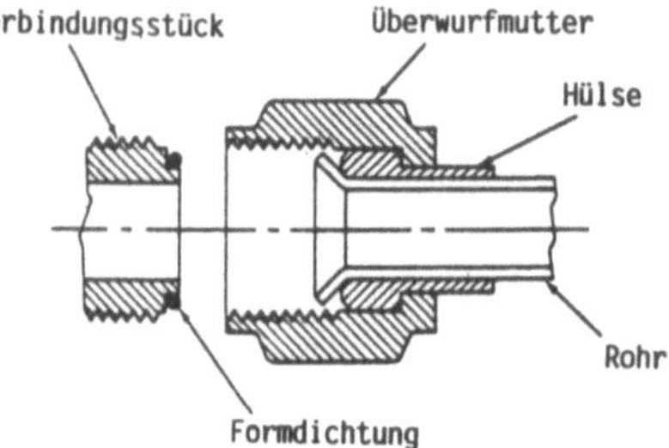

Bild 6. Typische Anwendung einer Formdichtung zwischen Rohr und Verbindungsstücken.

Wird ein Rohrstück zur Überprüfung oder zum Auswechseln ausgebaut, müssen neue vorgeformte Dichtungen benützt werden. Beim Einbau der Rohrbaugruppen die Überwurfmutter mit dem in Tabelle 3 angegebenen Drehmoment festziehen. Werden Kühlmittelrohre instandgesetzt, ausgewechselt oder anderweitig verändert, die Rohrbaugruppe mit Trichlorethylen säubern und mit Preßluft trocknen.

> *VORSICHT: Bei Berührung mit flüssigem Kühlmittel 12 können ernsthafte Verbrennungen der Haut und Augenverletzungen entstehen. Beim Trennen von Leitungen, die Kühlmittel 12 enthalten können, Handschuhe und Schutzbrille tragen.*

Tabelle 3. Erforderliche Drehmomente.

Rohrgröße AD	*Muttern-größe*	*Drehmoment in Nm*			
		Alu-Rohr		*Stahlrohr*	
		min	*max*	*min*	*max*
bleibt	*bleibt*	*in/lbs in Nm*			

Der Abschnitt IV, Wartung des Kühlmittelsystems, gibt Hinweise auf Vorsichtsmaßnahmen beim Umgang mit Kühlmittel, auf die Suche nach Leckstellen im System, auf Leerung und Füllung des Kühlmittelsystems usw.

Abschnitt V, Störungssuche und -beseitigung, bringt für jede vorhersehbare Störung in Tabellenform die wahrscheinliche Ursache und mögliche Beseitigung. Daraus wollen wir einige Proben herausgreifen.

Section V. Troubleshooting

50. General

This section provides information for diagnosing and correcting unsatisfactory operation or failure of the air conditioner and its components. Each trouble symptom is followed by a list of probable causes of the trouble. The possible remedy is described opposite the probable cause.

> NOTE: Before replacing any component, check the associated wiring harness assemblies for open or shorted wires and for loose connections or broken pins on the electrical connectors. Repair or replace defective wiring harness assemblies.

51. All Air Conditioner Components do Not Operate

Probable cause	Possible remedy
Power supply disconnected	Check power supply interconnecting cable for proper connection
Master circuit breaker tripped	Reset MASTER CIRCUIT BREAKER
Fuse F1 blown	Check fuse. Replace if necessary
Defective power transformer	Check transformer for opens or shorts. Replace if necessary

52. Air Conditioner Stops

53. No (or insufficient) Heating

Probable cause	Possible remedy
Heater circuit breaker tripped	Reset HEATER CIRCUIT BREAKER
Evaporator fan circuit breaker tripped	Reset EVAPORATOR FAN circuit breaker
Defective remote thermostat	Check thermostat. Replace if necessary

54. No (or insufficient) Cooling

Probable cause	Possible remedy
Evaporator fan circuit breaker tripped	Reset EVAPORATOR FAN circuit breaker
Condenser fan circuit breaker tripped	Reset CONDENSER FAN circuit breaker
Compressor motor circuit breaker tripped	Reset COMPRESSOR MOTOR circuit breaker

55. Excessive Cooling

56. Motor Compressor Excessively Noisy

57. Motor Compressor Inoperative (All Other Components Functioning)

58. Evaporator Fan Inoperative

59. Condenser Fan Inoperative (All Other Components Functioning)

60. Compressor Stops on High Outlet Pressure

61. Motor Compressor Stops on High Discharge Temperature

Übersetzung:

Abschnitt V. Störungssuche und -beseitigung

50. Allgemeines

Dieser Abschnitt gibt Informationen über die Beurteilung und Korrektur nicht zufriedenstellender Betriebszustände oder den Ausfall des Klimageräts und seiner Bauteile. Jedem Störungssymptom folgt eine Liste der wahrscheinlichen Ursachen der Störung und ihr gegenübergestellt die mögliche Beseitigung.

> *ANMERKUNG: Vor dem Auswechseln eines Bauteils den zugehörigen Kabelbaum auf blanke Drähte oder Kurzschlüsse und die Elektrostecker auf lockere Verbindungen oder gebrochene Stifte überprüfen. Schadhafte Kabel instandsetzen oder auswechseln.*

51. Alle Bauteile des Klimageräts funktionieren nicht.

Wahrscheinliche Ursache	*Mögliche Beseitigung*
Keine Stromzufuhr	*Stromversorgungskabel auf richtigen Anschluß kontrollieren*
Hauptunterbrecherschalter ausgelöst	*MASTER CIRCUIT BREAKER rückstellen*
Sicherung F1 durchgebrannt	*Sicherung prüfen. Falls erforderlich, auswechseln*
Netztransformator T1 schadhaft	*Transformator auf Unterbrechungen oder Kurzschlüsse überprüfen. Falls erforderlich, auswechseln*

52. Klimagerät schaltet ab

53. Keine (oder ungenügende) Heizleistung

Wahrscheinliche Ursache	*Mögliche Beseitigung*
Heizungsunterbrecherschalter ausgelöst	*HEATER CIRCUIT BREAKER rückstellen*
Verdampferventilator-Unterbrecherschalter ausgelöst	*Unterbrecherschalter EVAPORATOR FAN rückstellen*
Thermostat am Fernbedienungskasten schadhaft	*Thermostat überprüfen. Falls erforderlich, auswechseln*

KOMMENTAR: In gleicher Form werden weitere Störungsfälle behandelt, die wir uns aber nur in der Überschrift ansehen wollen.

54. Keine (oder ungenügende) Kühlleistung.

55. Zu starke Kühlleistung

56. Motor/Kompressor übermäßig laut.

57. Motor/Kompressor läuft nicht (alle anderen Bauteile funktionieren).

58. Verdampferventilator dreht sich nicht.

59. Kondensatorventilator dreht sich nicht (alle anderen Bauteile funktionieren).

60. Kompressor schaltet bei hohem Ausgangsdruck ab.

61. Motor/Kompressor schaltet bei hoher Ausgangstemperatur ab.

Abschnitt VI behandelt die Gehäuseverkleidungsbleche. Auch hier wollen wir nur einen Teil betrachten.

Section VI. Housing Panels

62. General

The air conditioner is enclosed with sheet-aluminum panels mounted to the frame with quarter-turn stud fasteners. Each housing panel is insulated with layers of sponge rubber cemented directly to the interior face of the panels. All contact edges are sealed with a continuous strip of ribbed gasket material. The air inlets and outlets have expanded metal screens permanently spot-welded to the respective panel assemblies.

63. General Maintenance Procedures

The following procedures pertain to all panel assemblies installed on the air conditioner. Procedures peculiar to a particular panel assembly are included within the paragraph dealing with that panel assembly.

> CAUTION: Before removing or installing any panel assembly, disconnect the power source from the air conditioner, close the master control panel door, and secure the door with two door latch stud fasteners.

a) Cleaning. Clean the painted surfaces of the panel assemblies with trichlorethylene. Dry with compressed air.

b) Inspection.

(1) Inspect the panel assembly for dents, cracks, and other signs of structural damage.

(2) Inspect insulation and gaskets for security, damage, and deterioration.

(3) Check the stud fasteners for broken, bent, or missing cross pins, washers, springs, and preformed packings.

(4) Inspect the panel assembly for chipped and worn paint.

c) Repair and Replacement.

(1) Panel assemblies. Replace a structurally damaged panel assembly if the damage is such that the assembly no longer seats properly against the frame assembly or permits the interior of the air conditioner to be contaminated by foreign matter or the elements.

(2) Insulation. Panel assemblies which have damaged insulation must be replaced. If the insulation is loose, it can be fastened with cement.

(3) Stud fasteners. Replace any damaged stud fasteners as follows:

  (a) Remove the stud retaining washer from the stud fastener.

  (b) Compress the stud fastener and remove it from the panel assembly.

  (c) Remove the two preformed packings from the stud fasteners.

  (d) Install one preformed packing on the spring cup, between the flange and the surface of the panel assembly, and another preformed packing under the stud fastener head.

(e) Compress the stud fastener and install it on the panel assembly.

(f) Using a suitable tool, press the stud retaining washer on the stud fastener until the washer contacts the surface of the panel assembly.

(4) Paint. Repair worn, chipped, or peeling paint as follows:

(a) Remove loose paint with a wire brush.

(b) Clean the area to be repainted.

(c) Paint the area with zinc chromate primer.

(d) After the primer dries, paint with one coat of paint.

(5) Gaskets. Panel assemblies whose gaskets are damaged so that the panel assemblies are no longer serviceable must be replaced. Fasten a loose gasket with cement.

64. Condenser Stage Rear Panel Assembly

65. Evaporator Stage Rear Panel Assembly

66. Condenser Stage Right Side Panel Assembly

67. Condenser Stage Front Panel Assembly

68. Evaporator Stage Left Side Panel Assembly

69. Evaporator Stage Front Panel Assembly

70. Condenser Stage Top Panel Assembly

71. Circuit Breaker Panel Door.

Übersetzung:

Abschnitt VI. Gehäuseverkleidung

62. Allgemeines

Das Klimagerät ist verkleidet mit Aluminiumblechen, die am Rahmen mit Drehwirbeln befestigt sind, die durch eine Vierteldrehung schließen. Jedes Gehäuseblech ist mit Schichten von Schaumgummi isoliert, der unmittelbar auf die Innenfläche des Bleches geklebt ist. Alle aufliegenden Ränder sind mit durchgehenden Streifen gerippten Dichtungsmaterials abgedichtet. Die Luftein- und -auslaßöffnungen weisen Metallgitter auf, die auf die jeweiligen Bleche punktgeschweißt sind.

KOMMENTAR: Im ersten Satz können wir die quarter-turn stud fasteners nicht gut mit „Vierteldrehungs-Drehwirbel" übersetzen; deshalb die von mir gewählte Lösung. Das englische expanded *(erweitert)* ist in diesem Zusammenhang völlig sinnlos und kann entfallen, ebenso das permanently; Punktschweißung kann man wohl als „dauerhaft" ansehen.

63. Allgemeine Wartungsverfahren

Die folgenden Verfahren betreffen alle Verkleidungsbleche am Klimagerät. Verfahren, die für bestimmte Bleche gelten, sind in dem jeweiligen Paragraphen für dieses Blech enthalten.

ACHTUNG: Vor dem Ab- oder Anbau eines Verkleidungsbleches den Netzstrom zum Klimagerät trennen, die Klappe der Hauptschalttafel schließen und mit den Drehwirbeln sichern.

KOMMENTAR: Die vielen doors in diesem Satz sind überflüssig und können wegfallen.

a) Reinigung. Die mit Farbe gestrichenen Flächen der Verkleidungsbleche mit Trichlorethylen säubern und mit Preßluft trocknen.

b) Prüfung

(1) Die Verkleidungsbleche auf Einbeulungen, Risse und andere Anzeichen für strukturelle Schäden überprüfen.

(2) Die Isolierung und die Dichtungen auf festen Sitz, Schäden und Verschlechterungen überprüfen.

(3) Bei den Drehwirbeln nachsehen, ob Querstifte gebrochen oder verbogen sind, ob Querstifte, Unterlegscheiben, Federn oder vorgeformte Dichtungen fehlen.

KOMMENTAR: Dieser Satz ist wörtlich nicht in gutes Deutsch zu übersetzen, deshalb der Umbau.

(4) Die Verkleidungsbleche auf abgestoßene oder abgenützte Farbe überprüfen.

c) Instandsetzung und Auswechslung

(1) Verkleidungsbleche. Ein strukturell beschädigtes Blech auswechseln, wenn der Schaden so groß ist, daß das Blech nicht mehr einwandfrei auf dem Rahmen sitzt und Fremdkörper oder Witterungseinflüsse in das Innere des Klimageräts eindringen läßt.

(2) *Isolierung. Verkleidungsbleche mit beschädigter Isolierung sind auszuwechseln. Ist die Isolierung nur losgelöst, kann sie mit Kleber wieder befestigt werden.*

(3) *Drehwirbel. Alle beschädigten Drehwirbel wie folgt auswechseln.*

  (a) *Die Stiftsicherungsscheibe vom Drehwirbel abziehen.*

  (b) *Den Drehwirbel zusammendrücken und vom Verkleidungsblech abnehmen.*

  (c) *Die beiden vorgeformten Dichtungen = Formdichtung vom Drehwirbel abziehen.*

  (d) *Eine vorgeformte Dichtung = Formdichtung auf dem Federteller zwischen dem Flansch und der Oberfläche des Verkleidungsbleches einsetzen und eine weitere unter dem Kopf des Drehwirbels.*

  (e) *Den Drehwirbel zusammendrücken und im Verkleidungsblech einsetzen.*

  (f) *Mit einem geeigneten Werkzeug die Stiftsicherungsscheibe auf den Drehwirbel pressen, bis sie auf der Oberfläche des Verkleidungsbleches aufsitzt.*

(4) *Farbe. Abgenützte, abgestoßene oder abblätternde Farbe wie folgt erneuern.*

  (a) *Lose Farbe mit einer Drahtbürste entfernen.*

  (b) *Die zu streichende Fläche säubern.*

  (c) *Die Fläche mit Zinkchromatgrundierung streichen.*

  (d) *Nach dem Trocknen der Grundierung die Farbe auftragen.*

(5) *Dichtungen. Verkleidungsbleche, deren Dichtungen so beschädigt sind, daß sie nicht mehr brauchbar sind, müssen ausgewechselt werden. Lockere Dichtungen mit Kleber wieder befestigen.*

KOMMENTAR: Sie haben bemerkt, daß ich die Anweisungen zum Teil gekürzt habe. Die häufigen Wiederholungen innerhalb eines Absatzes müssen wir nicht nachvollziehen.

Im Abschnitt VI werden jetzt die Verkleidungsbleche einzeln behandelt. Wir begnügen uns wieder nur mit den Überschriften.

64. Rückwärtige Verkleidung des Kondensatorteils.

65. Rückwärtige Verkleidung des Verdampferteils.

66. Rechte Seitenverkleidung des Kondensatorteils.

67. Frontverkleidung des Kondensatorteils.

68. Linke Seitenverkleidung des Verdampferteils.

69. Frontverkleidung des Verdampferteils.

70. Verkleidung der Oberseite des Kondensatorteils.

71. Klappe der Unterbrecherschalter-Tafel.

Diese Anweisungen in Abschnitt VI sind natürlich von Bildern begleitet, in denen die einzelnen Teile gezeigt werden. Wir nehmen ein Bild als Beispiel heraus, Figure 7.

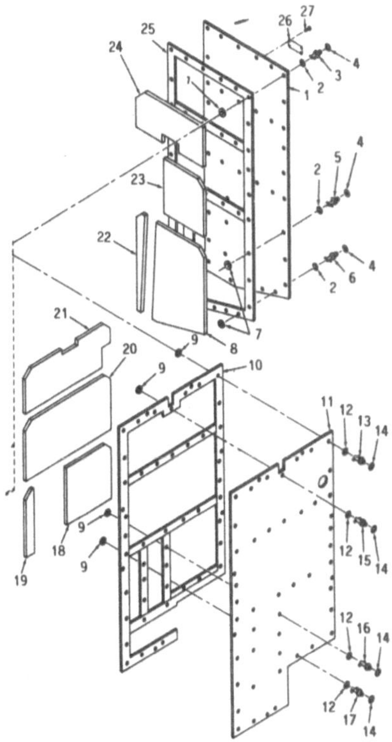

Figure 7. Front and left side panel assembly of evaporator unit (exploded view) (Front- und linke Seitenverkleidung des Verdampferteils (auseinandergezogene Darstellung)).

1 rear panel assembly (rückwärtiges Verkleidungsblech)

2 preformed packing (Formdichtung)

3 stud fastener (Drehwirbel) etc. (usw.)

Der Rest von Kapitel 3 befaßt sich mit dem Air Circulation System (Luftzirkulationssystem) und dem Air Conditioner Electrical System (Elektroanlage des Klimageräts). In beiden Abschnitten werden Anweisungen für Reinigung, Kontrolle und Auswechslung kleiner Teile gegeben.

Kapitel 4, Repair and Overhaul Instructions (Instandsetzungs- und Überholungsanweisungen), geht nun in die Einzelheiten. Als Beispiel nehmen wir diesmal den *Abschnitt V* heraus.

Section V. Air Conditioner Electrical System

112. General

The electrical system of the air conditioner operates on 208-volt, three-phase, 400-cycle, four-wire, a-c power. The 28-volt dc power which is used to operate various control circuits incorporating relays, safety cut-out devices, solenoids, and controls is derived from a power transformer and rectifier mounted in the evaporator stage assembly, directly behind the master circuit breaker panel. The AIR CONDITIONER AND HEATER switch on the remote control box assembly turns the air conditioner on or off. Wiring harness assemblies having pin-type, threaded plug connectors and receptacles are used to interconnect the system's electrical components. Overload protection for the compressor motor and condenser fan motor is provided by circuit breakers on the master circuit breaker panel and by temperature limit switches which are integral parts of each motor. Additional circuit breakers protect the winterization motor, evaporator fan, and heaters against overload. The following paragraphs provide removal, disassembly, inspection, cleaning, repair, reassembly, installation, and testing procedures for all components of the air conditioner electrical system.

NOTE: Replace defective components only. Unless otherwise indicated, tag and unsolder all wires as required for removal of components.

WARNING: The operating voltage of this air conditioner is dangerous to persons coming in contact with any part of the electrical system. Severe, possible fatal, shock may result. Disconnect the power source before performing any maintenance or inspection, other than operating tests of the air conditioner.

113. Electrical System Operational Check

a) General. The operational check given below is used to determine proper operation of the electrical components of the air conditioner.

If indications noted in c. through h. below are not observed troubleshoot the air conditioner.

b) Test Equipment Required. To perform the following tests, an Electrical Test Panel is required.

c) Preparation for Operational Check.

(1) Remove 28-volt ac fuse F2 from the unit.

(2) Turn off all electrical test panel switches.

(3) Connect the panel to the evaporator assembly. Do not connect the remote control cable to the evaporator stage assembly.

(4) Trip all unit circuit breakers to ON.

(5) Turn on all panel PHASE switches.

(6) Turn on panel switch S-10.

(7) Connect 110-volt ac to the panel.

d) Cooling System Check.

(1) Turn on test panel POWER switch S-1, and observe that the following lamps come on as indicated.

(a) All PHASE D lamps - immediately.

(b) EVAPORATOR and WINTERIZATION lamps A, B and C - immediately.

(c) HEATERS lamps A - immediately.

(d) No other lamps shall come on.

(2) Turn on the panel switches S-2 and S-9, and observe than CONDENSER fan indicating lamps A, B and C come on immediately and that COMPRESSOR indicating lamps come on 2 to 8 seconds after the CONDENSER lamps.

(3) Momentarily press panel switch S-4 (compressor overload), and observe that COMPRESSOR and CONDENSER indicating lamps A, B, and C go off immediately.

(4) Momentarily press FREON SYSTEM RESET switch and observe that COMPRESSOR and CONDENSER indicating lamps A, B, and C come on.

NOTE: The sequence in which these lamps come on is effected by the time lapse between the actuation of panel switch S-4 and the FREON SYSTEM RESET switch, and may not be within the time delay requirement of 2 to 8 seconds mentioned in (2) above.

(5) Momentarily actuate panel switch S-5 (evaporator overload), and observe that EVAPORATOR, CONDENSER, COMPRESSOR, and WINTERIZATION lamps A, B, and C go off immediately.

(6) Momentarily press EVAPORATOR FAN RESET switch, and observe that the EVAPORATOR, CONDENSER, COMPRESSOR, and WINTERIZATION lamps come on, although the requirements of (2) above may not apply.

(7) Press panel switch S-3, and observe that CONDENSER and COMPRESSOR lamps A, B, and C are off. Observe that all lamps come on when the switch is released.

KOMMENTAR: Auf gleiche Weise werden weitere Prüfungen durchgeführt, die wir uns aber ersparen wollen. Wir gehen über zu Ausbau, Zerlegung, usw.

114. Remote Control Box Assembly

a) Removal. Remove the remote control box assembly (par. 82).

b) Disassembly.

(1) Remove six screws (9, Fig. 8) which secure cover (8) to box assembly (5), and remove the cover.

(2) Tag and disconnect plug connector (23) from remote thermostat (26).

(3) Remove four screws (16), four washers (11), and four nuts (10) which secure receptacle (12) to box assembly (5), and remove the receptacle and the wiring harness assembly.

(4) Remove two screws (20), two washers (24), and two nuts (25) which secure remote thermostat (26) to box assembly (5), and remove the remote thermostat.

(5) Remove nut (21) which secures switch (22) to box assembly (5), and remove the switch.

(6) Remove indicator light (2) (par. 80).

(7) Remove nut (7) which secures socket (6) and indicator light holder (3) to box assembly (5), and remove the socket and the holder.

(8) Remove grommet (13).

(9) Remove six rivets (4) which secure instruction plate (19) to box assembly (5), and remove the instruction plate.

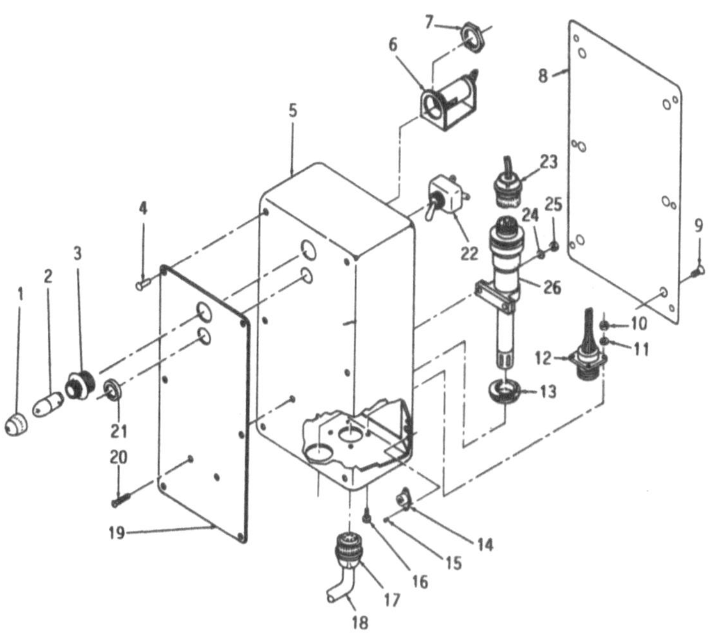

Figure 8. Remote control box assembly (exploded view).

1 faceted lens
2 indicator light
3 indicator light holder
4 rivet
5 box assembly
6 socket
7 nut
8 cover
9 screw
10 nut
11 washer
12 receptacle
13 grommet
14 nut plate
15 rivet
16 screw
17 plug connector
18 wiring harness
19 instruction plate
20 screw
21 nut
22 switch
23 plug connector
24 washer
25 nut
26 remote thermostat

(10) Remove two rivets (15) which secure one nut plate (14) to box assembly (5), and remove the nut plate.

(11) Remove the other five nut plates in a similar manner.

c) Cleaning, Inspection, and Repair.

(1) Clean all metal parts with trichlorethylene and dry with a lintfree cloth. Remove accumulated dust and dirt from the switch and lamp socket with compressed air.

(2) Inspect the leads of the wiring harness assembly for deteriorated insulation and for broken conductors. Inspect the receptacles for bent or broken pins and for damaged threads. Replace defective parts.

(3) Inspect the cover and the box assembly for cracks, tears, and distortion. Remove minor dents, and repair cracks and tears by welding. Retouch or paint as required. Replace the cover or the box assembly if it is damaged beyond repair.

(4) Inspect all hardware for damaged threads. Replace defective parts.

(5) Inspect the remote thermostat for loose or broken terminals, for damaged threads, and for a broken sensing element. Replace a defective thermostat.

d) Testing.

(1) Remote thermostat.

(a) Test remote thermostat (26, Fig. 8) for continuity by connecting a multimeter between the pins A and C, and A and D. With the thermostat in an ambient temperature of 70 °F, there should be no continuity. If there is continuity, the thermostat is defective and must be replaced.

(b) Warm the thermostat by immersing the thermostat probe in water which has been heated to 73 $\pm$ 1 °F. The contacts between A and C should close within 2-1/2 minutes, and continuity should be indicated on the multimeter. If the contacts do not close with the application of heat, the thermostat is defective and must be replaced.

(c) Warm the thermostat by immersing the thermostat probe in water which has been heated to 81 $\pm$ 1 °F. The contacts between A and D should close within 2-1/2 minutes, and continuity should be indicated on the multimeter. If the contacts do not close with the application of heat, the thermostat is defective and must be replaced.

(2) Switch. Using a low-voltage test lamp circuit, test switch (22) for continuity by connecting the probes of the test lamp circuit between the terminals of the switch. If continuity is not indicated when the switch is actuated, the switch is defective and must be replaced.

e) Reassembly.

(1) Secure instruction plate (19, fig. 8) to box assembly (5) with six rivets (4).

(2) Secure one nut plate (14) to box assembly (5) with two rivets (15).

(3) Install the other five nut plates in a similar manner.

(4) Install grommet (13) on box assembly (5).

(5) Secure socket (6) and indicator light holder (3) to box assembly (5) with nut (7).

(6) Install indicator light (2) (par. 80).

(7) Secure switch (22) to box assembly (5) with nut (21).

(8) Secure remote thermostat (26) to box assembly (5) with two screws (20), two washers (24), and two nuts (25).

(9) Secure receptacle (12) and wiring harness assembly to box assembly (5) with four screws (16), four washers (11), and four nuts (10).

(10) Solder the tagged leads of the wiring harness assembly to socket (6) and switch (22) and connect plug connector (23) to remote thermostat (26). Remove the tags.

(11) Secure cover (8) to box assembly (5) with six screws (9).

f) Installation. Install the remote control box assembly (par. 82).

KOMMENTAR: Auf gleiche Weise werden alle anderen Bauteile behandelt. Es würde den Rahmen des Buches sprengen, wollten wir diese Beispiele noch weiter übernehmen.

Übersetzung:

Abschnitt V. Elektroanlage des Klimageräts

112. Allgemeines

Das Klimagerät ist ausgelegt für 3-Phasen-Wechselstrom mit 208 V, 400 Hz, 4-Draht-Schaltung. Der Gleichstrom von 28 V, den man für die verschiedenen Steuerschaltungen braucht, zu denen Relais, Sicherheitsschalter, Magnetventile und Bedienteile gehören, wird von einem Transformator und Gleichrichter erhalten, die im Verdampferteil unmittelbar hinter der

Hauptunterbrecherschaltertafel montiert sind. Der Schalter AIR CONDITIONER AND HEATER am Fernbedienungskasten schaltet das Klimagerät ein und aus. Die Steckerverbindungen der Kabel sind mit Überwurfmuttern gesichert. Überlastschutz für den Kompressormotor und den Kondensatorventilator wird von Unterbrecherschaltern an der Hauptunterbrecherschaltertafel und von Temperaturbegrenzungsschaltern gewährleistet, die ein Teil jedes Motors sind. Weitere Unterbrecherschalter schützen den Ventilatormotor für Winterbetrieb, den Verdampferventilator sowie die Heizung vor Überlast. Nachfolgend werden Ausbau, Zerlegung, Kontrolle, Reinigung, Instandsetzung, Wiederzusammenbau, Einbau und Prüfung für alle Bauteile der elektrischen Anlage des Klimageräts beschrieben.

KOMMENTAR: Im Deutschen können wir den ersten Satz nicht wie im Original wiedergeben, sondern müssen ihn anders formulieren. Aus plug connectors and receptacles machen wir am besten *Steckerverbindungen*. Übrigens sind die threaded plug connectors wieder mal Unsinn: Ein Gewinde allein würde nichts nützen, und wenn Sie sich das Bild 8 betrachten, können Sie sehen, was gemeint ist und es richtig ausdrücken.

ANMERKUNG: Nur schadhafte Teile auswechseln. Wenn nicht anders angegeben, alle Drähte kennzeichnen und ablöten, falls ein Bauteil ausgebaut werden muß.

KOMMENTAR: Beim Lesen des englischen Satzes wissen wir zwar, was gemeint ist, doch in der Übersetzung wollen wir uns genauer ausdrücken.

VORSICHT: Die Betriebsspannung dieses Klimagerätes ist gefährlich für Personen, die mit irgendeinem Teil der elektrischen Anlage in Berührung kommen. Ein heftiger, möglicherweise tödlicher Schlag, kann erfolgen. Vor Durchführung jeglicher Wartung oder Kontrolle die Stromzuführung abtrennen, ausgenommen bei Funktionsprüfungen am Klimagerät.

113. Funtionsprüfung der elektrischen Anlage

a) Allgemeines. Die unten beschriebene Prüfung dient der Feststellung, ob die elektrischen Bauteile des Klimageräts einwandfrei funktionieren. Werden die Hinweise in c. bis h. nicht beobachtet, ist am Klimagerät eine Störungssuche durchzuführen.

b) Erforderliche Prüfungsausrüstung. Um die folgenden Prüfungen durchzuführen, ist die elektrische Prüftafel für den Verdampferteil erforderlich.

KOMMENTAR: Die genaue Beschreibung dieser Prüftafel wollen wir uns ersparen. Sie enthält Kontrolleuchten, Ein- und Aus-Schalter und Wahlschalter.

c) *Vorbereitung der Funktionsprüfung*

(1) *Die 28-Volt-Wechselstromsicherung F2 am Klimagerät herausnehmen.*

(2) *Alle Schalter an der Prüftafel ausschalten.*

(3) *Prüftafel an den Verdampferteil anschließen. Auf keinen Fall das Fernbedienungskabel an den Verdampferteil anschließen.*

(4) *Alle Unterbrecherschalter am Klimagerät auf ON stellen.*

(5) *Alle Schalter PHASE an der Prüftafel einschalten.*

(6) *Schalter S-10 an der Prüftafel einschalten.*

(7) *110-Volt-Wechselstrom an die Prüftafel anlegen.*

d) *Prüfung des Kühlsystems*

(1) *Schalter S-1 POWER (Netzschalter) an der Prüftafel einschalten; folgende Lampen müssen wie angegeben aufleuchten.*

KOMMENTAR: Die Formulierung **and observe** that können wir im Deutschen nicht übersetzen. Wir sagen deshalb ...*müssen aufleuchten.*

(a) *Alle Lampen PHASE D = sofort.*

(b) *Alle Lampen EVAPORATOR und WINTERIZATION A, B und C = sofort.*

(c) *Lampen HEATERS A = sofort.*

(d) *Keine andere Lampe darf aufleuchten.*

(2) *Schalter S-2 und S-9 an der Prüftafel einschalten; die Kontrollampen A, B und C von CONDENSER-Ventilator müssen sofort aufleuchten, die Kontrollampen von COMPRESSOR 2 bis 8 s nach den CONDENSER-Lampen.*

(3) *Kurzzeitig den Schalter S-4 (Kompressorüberlast) an der Prüftafel drücken; die Kontrollampen A, B und C von COMPRESSOR und CONDENSER müssen sofort verlöschen.*

(4) *Kurzzeitig den Schalter FREON SYSTEM RESET drücken; die Kontrollampen A, B und C von COMPRESSOR und CONDENSER müssen sofort aufleuchten.*

ANMERKUNG: Die Reihenfolge des Aufleuchtens dieser Lampen wird von dem zeitlichen Abstand zwischen der Betätigung des Schalters S-4 an der Prüftafel und dem Schalter FREON SYSTEM RESET bestimmt und liegt nicht unbedingt innerhalb der Zeitverzögerungsforderung von 2 bis 8 s, die in (2), oben, erwähnt wird.

KOMMENTAR: Die Übersetzung der Prüfungen wollen wir an dieser Stelle abbrechen, da sie sich im Wortlaut ständig wiederholen. Wir gehen über zur Zerlegung des Fernbedienungskastens.

114. Fernbedienungskasten

a) Ausbau. Fernbedienungskasten ausbauen (Paragraph 82).

b) Zerlegung

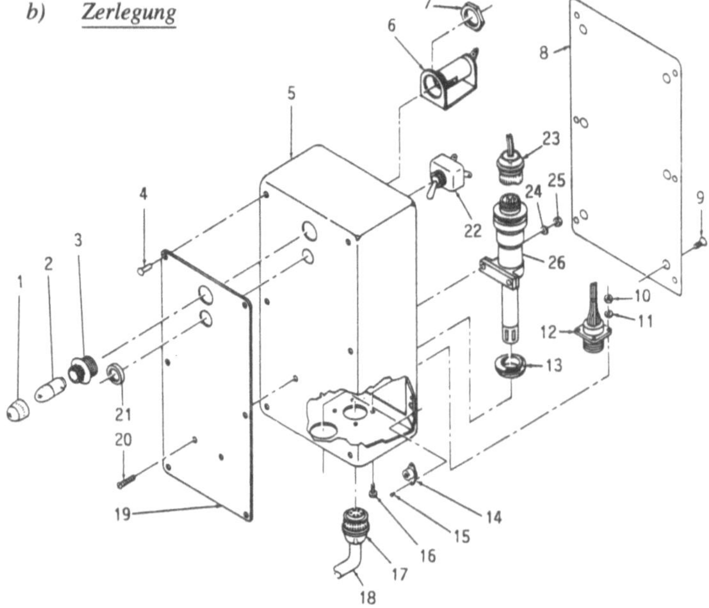

Bild 8. Fernbedienungskasten (auseinandergezogene Darstellung).

1 Deckglas	*10 Mutter*	*19 Instruktionsschild*
2 Kontrollampe	*11 Unterlegscheibe*	*20 Schraube*
3 Kontrollampenhalter	*12 Steckdose*	*21 Ringmutter*
4 Niet	*13 Gummitülle*	*22 Schalter*
5 Fernbedienungskasten	*14 Nabenmutter*	*23 Stecker*
6 Sockel	*15 Niet*	*24 Unterlegscheibe*
7 Mutter	*16 Schraube*	*25 Mutter*
8 Deckel	*17 Stecker*	*26 Thermostat*
9 Schraube	*18 Kabelbaum*	

(1) *Sechs Schrauben 9, Bild 8, im Deckel 8 des Fernbedienungskastens 5 herausdrehen und Deckel abnehmen.*

(2) *Stecker 23 vom Thermostat 26 kennzeichnen und abziehen.*

(3) *Vier Schrauben 16 mit Unterlegscheiben 11 und Muttern 10, mit denen die Steckdose 12 im Kasten 5 befestigt ist, herausdrehen und Steckdose mit Kabelbaum abnehmen.*

(4) *Zwei Schrauben 20 mit Unterlegscheiben 24 und Muttern 25, mit denen der Thermostat 26 am Kasten 5 befestigt ist, herausdrehen und Thermostat abnehmen.*

(5) *Ringmutter 21, mit der der Schalter 22 am Kasten 5 befestigt ist, abschrauben und Schalter abnehmen.*

KOMMENTAR: Die nut 21 ist keine übliche Mutter, wie Sie in Bild 8 erkennen können. Es zeugt von Ihrer Genauigkeit, wenn Sie in einem solchen Fall die richtige Bezeichnung, hier also *Ringmutter*, wählen.

(6) *Kontrollampe 2 herausnehmen (Paragraph 80).*

(7) *Mutter 7, mit der der Sockel 6 und der Halter 3 am Kasten 5 befestigt sind, abschrauben und Sockel und Halter abnehmen.*

KOMMENTAR: Im allgemeinen müssen bei Übersetzungen die Bezeichnungen, wie „Fernbedienungskasten“ oder „Lampenhalter“ immer vollständig wiedergegeben werden. Doch in einem Text, wie dem vorliegenden, wo sogar noch Hinweise auf die Darstellung im Bild gegeben werden, können Sie zur Kürzung getrost nur "Kasten“ oder "Halter“ sagen.

(8) *Gummitülle 13 herausnehmen.*

(9) *Sechs Niete 4, die das Instruktionsschild 19 am Kasten 5 befestigen, entfernen und Schild abnehmen.*

(10) *Zwei Niete 15, die eine Nabenmutter 14 im Kasten 5 befestigen, entfernen und Mutter abnehmen.*

(11) *Die anderen fünf Nabenmuttern auf gleiche Weise abtrennen.*

KOMMENTAR: Nach der Zerlegung folgen die Reinigung, Kontrolle und Instandsetzung der einzelnen Teile im Fernbedienungskasten und danach der Wiederzusammenbau. Die Übersetzung dieser Vorgänge wird Ihnen nun keine Schwierigkeiten bereiten, so daß ich Sie damit nicht mehr langweilen möchte.

Ich habe Ihnen das Prinzip einer Zerlegung nahegebracht, das in möglicherweise abgewandelter Form für kleine und auch ganz große Industrieerzeugnisse gültig ist. Und Sie haben auch sehen können, daß es sehr viele stereotype Formulierungen dabei gibt. In unserem Beispiel eines Handbuches folgen in den Abschnitten VI und VII weitere Anweisungen in gleicher Form für das Luftzirkulationssystem und den Rahmen des Gehäuses. Auch darin wird zerlegt, gereinigt, geprüft und wieder zusammengebaut. In Kapitel 5 werden noch Anweisungen für den Versand und die Lagerung des Geräts gegeben, und der Anhang gibt eine Auflistung aller Teile des Klimageräts und der Sonderwerkzeuge, die zur Wartung und Instandsetzung erforderlich sind.

Lieber Leser, hiermit findet der Teil „Praxis“ seinen Abschluß. Ich wünsche mir, daß ich Ihnen einen Einblick in das geben konnte, was bei technischen Texten auf Sie zukommt, daß ich Ihnen aber auch die Gewißheit vermitteln konnte, mit allem fertig zu werden, auch wenn es am Anfang schwierig aussieht. Ich möchte Sie noch einmal darauf aufmerksam machen, wie wichtig es ist, Vorgänge zu verstehen oder wenigstens zu kennen, die Sie übersetzen sollen. Gehen Sie in den Betrieb, schauen Sie sich um und lassen Sie sich Erklärungen geben. Studieren Sie Fachzeitschriften in Deutsch und Englisch, erweitern Sie Ihr Vokabular und denken Sie an die Tischkartei. Einige Tips für all das finden Sie im dritten Teil, „Spezialitäten“.

3. Spezialitäten

3.1 Einführung

Lieber Leser, nachdem wir uns durch die Tücken des technischen Englisch gekämpft haben, möchte ich Ihnen noch einige Dinge vermitteln, die sich während meiner langjährigen Tätigkeit angesammelt haben. Es sind dies spezielle Bezeichnungen und Formulierungen, die Sie in dieser konzentrierten Form nirgends finden werden. Ich bringe sie in alphabetischer Ordnung, wie sie aus der Praxis heraus auf einem Zettel in die Tischkartei gesteckt wurden, und lasse Sie so am Inhalt meiner Zettelkästen teilhaben.

Nachfolgend benütze ich wiederholt zwei Abkürzungen: US (Vereinigte Staaten) und UK (Vereinigtes Königreich Großbritannien), und damit fangen wir auch gleich an. In der Einleitung zu diesem Buch habe ich darauf hingewiesen, daß das amerikanische und britische Englisch sich in der Technik recht stark einander angeglichen haben. Ich gebe Ihnen aber eine Auswahl von Begriffen, die noch immer unterschiedlich bezeichnet werden. Es ist wie gesagt nur eine Auswahl, wie es bei allen Beispielen in diesem dritten Teil der Fall ist. Diese Beispiele wollen Ihnen nur eine Hilfe anbieten für die Einrichtung Ihrer Unterlagen.

3.2 Unterschiedliche Bezeichnung in US und UK

US	UK	D
airfield	aerodrome	*Flugplatz*
airplane	aeroplane	*Flugzeug*
aisle	corridor	*Durchgang*
aluminum	aluminium	*Aluminium*
all aboard	take your seats	*Einsteigen*
apartment	flat	*Wohnung*
ashcan	dust-bin	*Mülltonne*
automobile	car	*Auto*
baggage	luggage	*Gepäck*
bakery	baker's shop	*Bäckerei*

US	UK	D
bartender	barman	*Barmann, Mixer*
bathrobe	dressing-gown	*Bademantel*
bathtub	bath	*Badewanne*
beach (on the -)	seaside (at the -)	*am Strand*
bellboy, bellhop	page, page-boy	*Page, Hoteldiener*
bill	invoice	*Rechnung*
bill	note	*Geldschein*
bookstore	book-shop	*Buchladen*
business suit	lounge suit	*Straßenanzug*
can	tin	*Dose*
can opener	tin-opener	*Dosenöffner*
check	cheque	*Scheck*
check book	cheque-book	*Scheckheft*
checkroom	cloak-room	*Garderobe*
checkroom	left-luggage office	*Gepäckaufbewahrung*
chief of police	police superintendent	*Polizeidirektor*
cigar store	tobacconist's	*Zigarrenladen*
conductor	guard (railroad)	*Schaffner*
custom-made	bespoke	*maßgefertigt*
daylight-saving time	summer-time	*Sommerzeit*
deck (of cards)	pack	*Kartenspiel*
draft	draught	*Zugluft*
druggist	chemist	*Apotheker*
drugstore	chemist's shop	*Apotheke*
elevator	lift	*Fahrstuhl*
fall	autumn	*Herbst*
fender	wing, mud-guard	*Kotflügel*
fire department	fire-brigade	*Feuerwehr*
first floor	ground floor	*Erdgeschoß*
garbage can	dust-bin	*Mülltonne*
gasoline, gas	petrol	*Benzin*
government, worker	civil servant	*Beamter*
grade-crossing	level crossing	*schienengleicher Bahnübergang*
guest room	spare room	*Gästezimmer*
hallway	hall, passage	*Eingangshalle*
hardware store	ironmonger's shop	*Eisenwarenladen*
highway	main road	*Hauptverkehrsstraße*
hood	bonnet	*Autohaube*

US	UK	D
icebox	refrigerator	*Kühlschrank*
information bureau	enquiry office	*Auskunft*
intermission	interval	*Pause*
life preserver	life-belt	*Schwimmweste*
line	queue	*Menschenschlange*
line up, to	queue up, to	*schlangestehen*
low gear	first speed	*erster Gang*
mail, to	post, to	*mit der Post schicken*
mailbox	letter-box	*Briefkasten*
mailman	postman	*Briefträger*
maybe	perhaps	*vielleicht*
monkey wrench	adjustable spanner screw-wrench	*Schraubenschlüssel, verstellbar*
movies, motion pictures	cinema, pictures	*Kino*
mustache	moustache	*Schnurrbart*
newsdealer	newsagent	*Zeitungshändler*
one-way ticket	single ticket	*einfache Fahrkarte*
pack	packet	*Päckchen Zigaretten*
package	parcel	*Päckchen*
pajamas	pyjamas	*Pyjama*
pantry	larder	*Speisekammer*
parking space	car-park	*Parkplatz*
pie (apple)	tart (apple)	*Apfelkuchen*
pitcher	jug	*Krug*
price tag	label	*Preisschild*
program	programme	*Programm*
race track	race-course	*Rennbahn*
railroad	railway	*Eisenbahn*
raise	rise	*Lohnerhöhung*
refueling	refuelling	*auftanken*
rent (house to)	house to let	*Haus zu vermieten*
rent (boat to)	boat for hire	*Boot zu chartern*
restroom	toilet, lavatory	*Toilette*
right away	straight away	*sofort*
right here	at this very place	*genau hier*
right now	just now, at the moment	*jetzt sofort*
roadster	two-seater	*Sportzweisitzer*
roller-coaster	switchback	*Achterbahn*

US	UK	D
room-clerk	reception-clerk	*Portier (Hotel)*
roomer	lodger	*Untermieter*
round trip	return ticket	*Rückfahrkarte*
sailboat	sailing-boat	*Segelboot*
sales girl	shop-girl	*Verkäuferin*
schedule (sked-)	schedule (sched-)	*Fahrplan*
scratchpad	scribbling-book	*Notizblock*
second floor	first floor	*1. Etage*
sedan	saloon	*Limousine*
shine, to	black, to	*Schuhe putzen*
sidewalk	pavement	*Gehweg*
specialty	speciality	*Spezialität*
sporting goods	sports requisites	*Sportartikel*
stick-pin	tie-pin	*Kravattennadel*
stock	share	*Aktie*
store	shop	*Laden*
story	storey	*Stockwerk*
streetcar	tramcar, tram	*Straßenbahn*
street floor	ground floor	*Erdgeschoß*
stub (of check)	counterfoil (of cheque)	*Kupon*
subway	tube, Underground	*U-Bahn*
sugar bowl	sugar-basin	*Zuckerdose*
sundown, -up	sunset, -rise	*Sonnenuntergang, -aufgang*
telephone booth	call-box	*Telefonzelle*
teller	cashier	*Kassierer*
tenpin	minepin, skittle	*Kegel*
terminal	terminus	*Endstation*
theater	theatre	*Theater*
thumbtack	drawing-pin	*Reißzwecke*
ticket office	booking-office	*Fahrkartenschalter*
tire	tyre	*Reifen*
top coat	overcoat	*Mantel*
traffic jam	traffic block	*Verkehrsstau*
trailer	caravan	*Wohnanhänger*
trash	rubbish, litter	*Abfall*
traveling salesman	commercial traveller	*Reisender*
trolley (car)	tramcar	*Straßenbahn*
truck	lorry	*Lastkraftwagen*

US	UK	D
tuxedo (tux)	dinner-jacket	*Smoking*
underpass	subway	*Unterführung*
undershirt	vest	*Unterhemd*
vacation	holiday	*Urlaub*
vacationist	holiday-maker	*Urlauber*
vest	waistcoat	*Weste*
walk-up	house without a lift	*Haus ohne Fahrstuhl*
wash room	lavatory	*Waschraum*
waste basket	waste-paper basket	*Papierkorb*
water heater	guyser	*Boiler*
windshield	wind-screen	*Windschutzscheibe*
windshield wiper	screen-wiper	*Scheibenwischer*
Z - zee	Z - zed	*Z - zet*

3.3 Besondere Begriffe

Es handelt sich hier um Begriffe, die entweder mit anderer Bedeutung im Wörterbuch stehen, in dieser Form gar nicht darin stehen oder unterschiedliche Entsprechungen in US und UK aufweisen.

AC dummy generator	*nicht funktionsfähiger Wechselstromgenerator*
acme threads	*Trapezgewinde*
authoritative source, source of authority	*maßgebliche Quelle, aber glaubwürdige Quelle*
blanking cover	*Schutzdeckel*
bleed plug	*Entlüftungsschraube (bei Luft), Ablaßschraube (bei Flüssigkeit)*
blue-check, to	*mit blauer Tuschierfarbe prüfen/tuschieren*
butt against, to	*aufsitzen*
camlock fastener	*Schnellverschluß*
captive bolt	*unverlierbare Schraube*
CLA (center line average)	*Mittenrauhwert*
clamp (US)	*Kabelschelle*
cleat (UK)	*Kabelschelle*
combination-type handflarer	*Handbördelwerkzeug*
common fasteners	*handelsübliche Befestigungsteile*
companion locknut	*Gegenmutter*
cone bore (US)	*Zentrierbohrung*
centre drill (UK)	*Zentrierbohrung*

concession	*Bauabweichung*
contact speed for level landing	*Aufsetzgeschwindigkeit für Horizontallandung*
crocus cloth	*Poliertuch*
cyborg	*Kyporg (Abk. für kybernetischer Organismus)*
DC motor mockup	*nichtfunktionsfähiger Gleichstrommotor*
double-row angular-contact ball bearing	*zweireihiges Schrägkugellager*
double-row self-aligning ball bearing	*zweireihiges Pendelkugellager*
external	*gerätefremd*
feather an edge, to	*eine Kante schärfen*
female connector	*Steckdose*
F.I.M. (full indicator movement)	*voller Meßuhrausschlag*
F.I.R. (full indicator reading)	*volle Meßuhranzeige*
fluidized bed	*Wirbelschichtverfahren (Chemie),* <u>*aber*</u>
froth flotation	*Wirbelschichtverfahren (Mineralogie)*
F/D (final dimension)	*Endmaß (UK)*
follow bar	*Gleitschiene*
FPT (female pipe thread)	*Rohrinnengewinde*
MPT (male pipe thread)	*Rohraußengewinde*
friction catch	*Schnappverschluß*
fully counter-clock-wise	*ganz nach links*
functional surfaces	*Arbeitsflächen*
identifiable part	*Normteil*
imitation craft paper	*festes Packpapier*
.38 inch high each location	*0,38 Zoll hoch an jeder Stelle*
inhibiting oil (UK)	*Konservierungsöl*
in-process inspection	*Zwischenprüfung*
isolation checks	*Eingrenzung der Störung auf ein Bauteil*
hinged frame	*Schwenkrahmen*
jet lag	*Müdigkeit wegen Zeitunterschied*
latching hardware	*Verriegelungsteile*
low mortality	*geringe Verschleißquote*
made position (switch)	*Schalter eingeschaltet*
magnetic crack detection	*Magnetpulverprüfung*

male connector	*Stecker*
masking tape	*Selbstklebeband*
mating surfaces	*Paßflächen*
miter-box guide	*Gehrlade*
mouldable wrap	*Wachspapier*
NDT (non-destructive test)	*zerstörungsfreie Prüfung*
nonpositioning fitting	*gerade Verschraubung*
operating surfaces	*Lagerflächen*
outrigger jacks and rear leveling jack	*Auslegerstützen und hintere Horizontierstütze*
petroleum grease	*Vaseline*
power tube flarer	*elektrische Rohrbördelmaschine*
preformed packing	*Formdichtung*
pyrolytic carbon filmtype component	*Dünnfilmbauelement mit aufgedampfter Kohle*
rebuild	*grundüberholen*
rubber cure date	*Vulkanisationsdatum*
single-channel, general purpose unit	*Allzweck-Gerät mit einem Kanal*
speed nut	*Blechschiebemutter*
spindle travel stop	*Spindelweganschlag*
spot face	*Auflagefläche um Bohrung (Spiegel)*
squaring and burring unit	*Rohrschneid- und Entgratungsvorrichtung*
squaring cutter	*Plandrehmeißel*
strap wrench	*Gurtschlüssel*
statement of justification	*Begründung*
swivel-end fitting	*Drehgelenkverschraubung*
swivel nut	*Drehgelenkmutter*
system theory	*Arbeitsweise des Geräts*
towing tank	*Schlepptank (für Strömungsversuche)*
trial and error learning	*praktische Erfahrung sammeln*
trial and error replacement	*Ersatzwahl durch Probieren*
tube stop finger	*Rohranschlagzunge*
undercut section	*gewindeloser Teil (einer Schraube)*
utility oil	*Gebrauchsöl*
vacuum loader	*Saugwagen*
VAT (value-added tax)	*Mehrwertsteuer*

waterproof fabric adhesive — *wasserdichtes Stoffklebeband*
white spirit — *Terpentinölersatz*

3.4 Schweres Baugerät

Da die Zettel oder Karten in der Tischkartei genügend Platz aufweisen, können Sie auch Bilder von besonderen Geräten aufkleben, die Sie entweder aus einer Zeitschrift ausschneiden oder selbst skizzieren. In vielen Fällen ist das aufschlußreicher als lange Erläuterungen, Bild/Figure 9 bis 14.

Figure 9. Up-and-over tractor shovel (Überkopf-Raupenlöffel).

Figure 10. Motorwagon (UK), motor truck (US) (Schwerlastwagen).

Figure 11. Front-end shovel (Schürfkübel).

Figure 12. Bulldozer (Planierraupe)

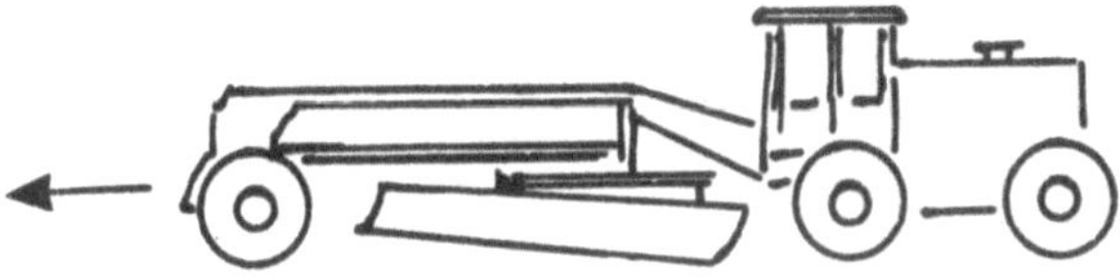

Figure 13. Motor grader (Straßenhobel).

Figure 14. Motor scraper (Motorschrapper).

3.5 Schuttgutförderanlagen

Jetzt wollen wir einmal versuchen, einen Abschnitt nur in Englisch abzuhandeln.

3.5.1 Bulk handling equipment: conveyor elevators

Centrifugal discharge elevator; figure 15, consists of back-hung buckets on chain or belt. It is used for free-flowing materials.

Figure 15. Centrifugal discharge elevator (Zentrifugalförderwerk).

Continuous bucket elevator; figure 16, buckets on single or double strand chain for lumpy materials.

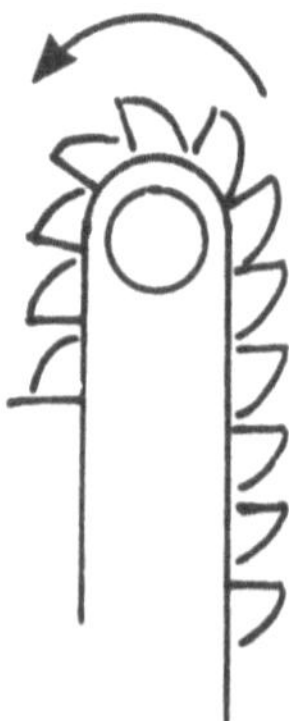

Figure 16. Continuous bucket elevator (Aufnahmebecherwerk).

Supercapacity elevator; figure 17, end-hung buckets on long-pitch roller chains for heavy, lumpy materials.

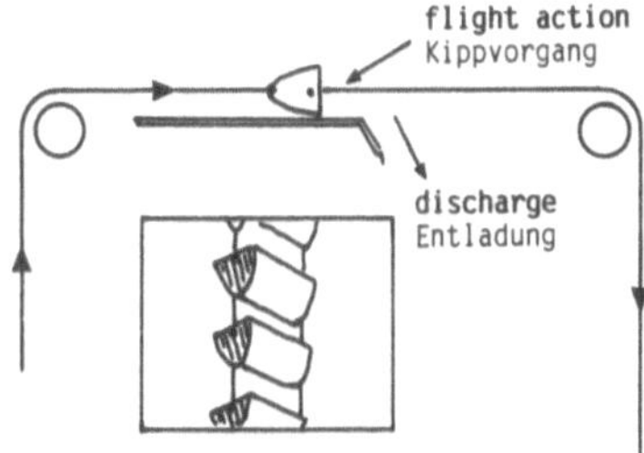

Figure 17. Supercapacity elevator (Schwerlastbecherwerk).

3.5.2 Bulk handling equipment: conveyors

Steel-band conveyors are used for chemicals and food, for handling wet logs, chips (*Späne*), and sawdust. They are made up of metal segments = *interlocking steel plates*. Spiral or screw conveyors: helical screw in open or enclosed trough.

Fabric-belt conveyors are used for handling various bulk materials, figure 18.

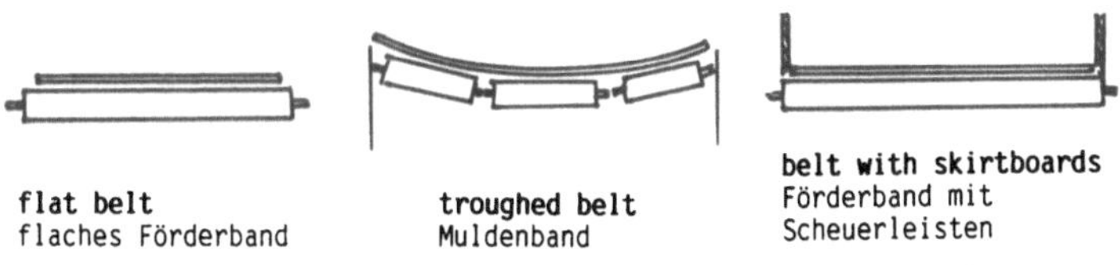

Figure 18. Fabric-belt conveyors (Förderbänder).

Draglines; figure 19, they consist of chain drags or cable drags with metal or wooden disks. Vibrating or oscillation conveyors have flat or troughed beds. Pneumatic or air conveyors are used for flour, seeds, grains, and chemicals.

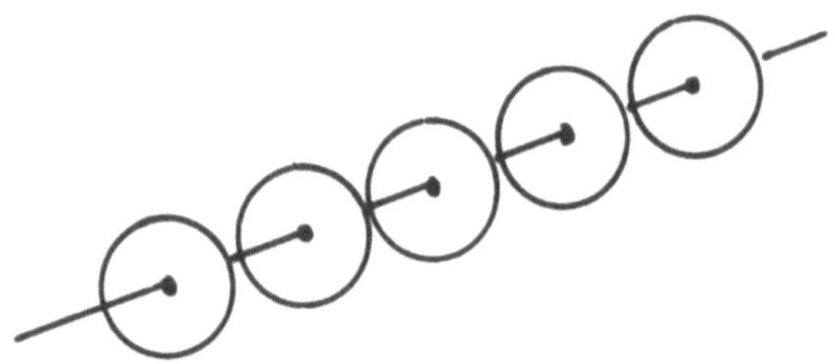

Figure 19. Draglines (Schleppförderer).

Aerial tramways or cableways are used for long-distance transport of bulk material, figure 20.

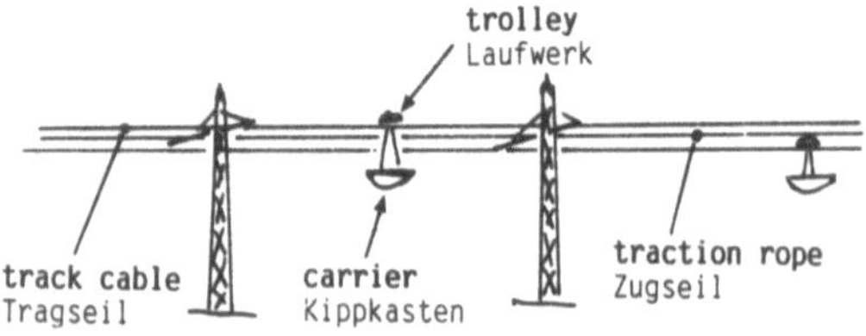

Figure 20. Aerial tramways and cross-country aerial cableways (Überlandseilbahnen).

3.6 Handling equipment in warehouses

3.6.1 Skids for handling loads as units

The handling of goods in warehouses or factories is facilitated by using skids. These are not to be confounded with pallets. Skids are usually employed for heavy loads.

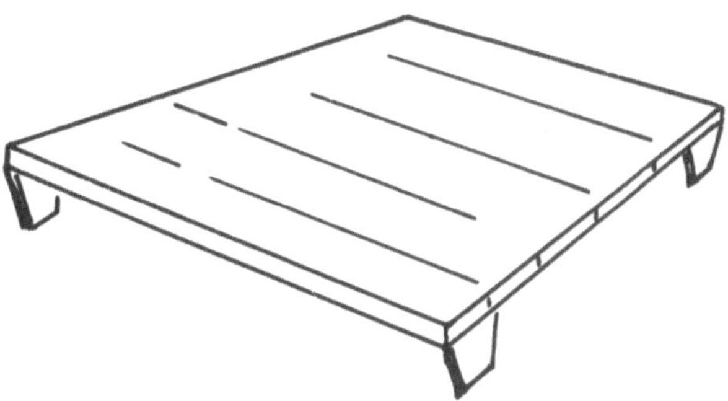

Figure 21. Dead skid without wheels (Ladebock ohne Räder).

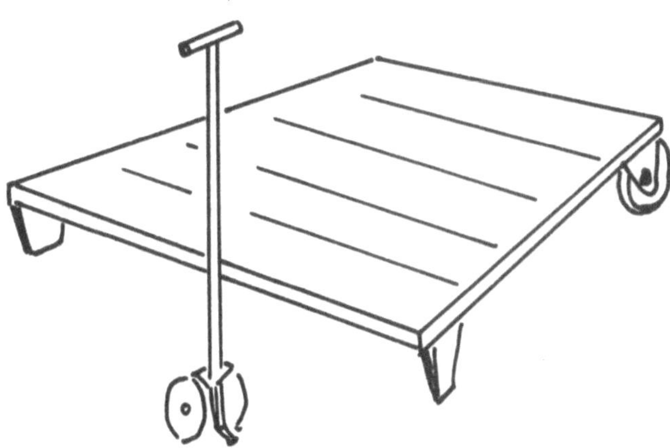

Figure 22. Semilive skid (two wheels and jack) (fahrbarer Ladebock, zwei Räder und Hebel).

3.6.2 Pallets

Pallets are more frequently used because they are better suited for stacking.

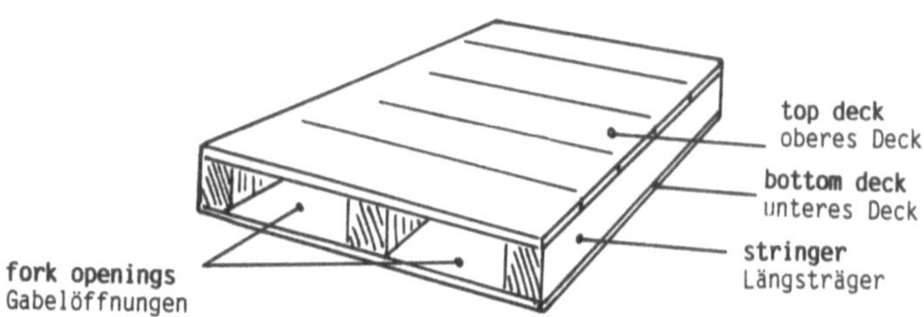

Figure 23. Flush-type reversible two-way pallet (bündige, umkehrbare Zweiwegepalette).

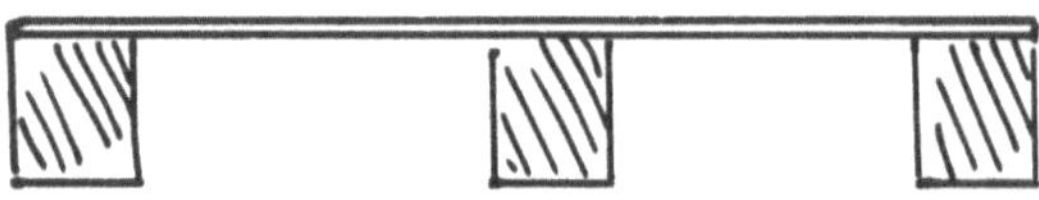

Figure 24. Single-faced pallet (einseitige Palette).

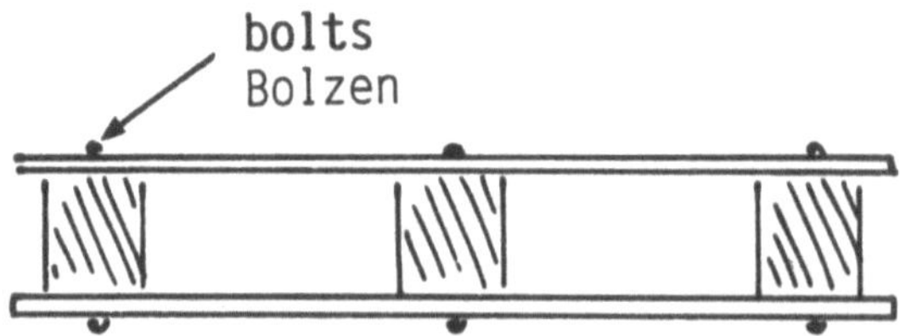

Figure 25. Stevedore (double wing) reversible two-way pallet (umkehrbare Zweiwege-Stauerpalette).

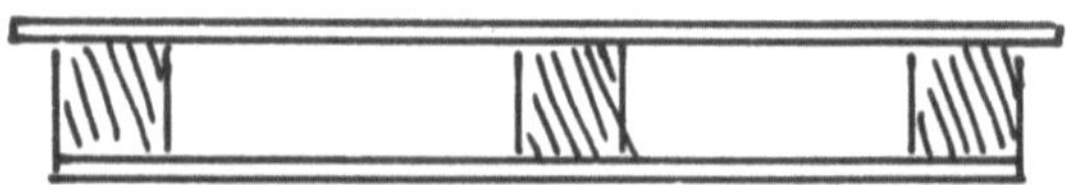

Figure 26. Semiwing nonreversible two-way pallet (nichtumkehrbare Zweiwegepalette).

Figure 27. Four way reversible pallet (umkehrbare Vierwegepalette).

3.7 Auswahl terminologischer Besonderheiten im Flugwesen

access door, access panel	*Zugangsklappe* (wenn Scharnier vorhanden). In US-Texten häufig auch für „Deckel". Falls Ausführung unbekannt, mit „Zugangsdeckel" oder „-klappe" übersetzen.
ailevator	*kombiniertes Höhen/Querruder* (UK auch „elevon")
air base	deutsch meist: *Fliegerhorst*. US auch: *Luftwaffenstützpunkt*
aircraft	*Flugzeug(e)*. Luftfahrzeug schwerer als Luft; nicht Hubschrauber.
airfoil	*aerodynamische Fläche* (Flügel, Ruder u.ä.)
airframe group	*Flugwerk* (fertigungstechnisch)
airframe	*Flugzeugzelle*
alighting gear	bei Wasserflugzeugen: *Schwimmwerk* = floating gear
Camlock-fastener	*Camlock-Patentverschluß*
canopy	*Kabinendach* (flach), *Kabinenhaube* (gewölbt)
catapult seat	*Schleudersitz* (nicht Katapultsitz)
cockpit	*Führerraum; Kabine*

control cable	*Steuerseil*(zug) (nicht Steuerkabel)
control surface	*Steuerfläche* (Ruder = beweglich; Flossen = fest)
cruise, to	zivil: *im Reiseflug fliegen* milit.: *im Marschflug fliegen*
ejection seat	*Schleudersitz*
elevator	*Höhenruder*
engine	der eigentliche *Motor* (ohne Zubehör); häufig auch: *Triebwerk*
engine oil	*Schmieröl*
fastener	*Befestigungselement* (Schrauben u.ä.)
flight control	*Flugsteuerung, Flugüberwachung*
flight controls	*Steuerung, Steuerwerk*
surface controls	*Steuerorgane* (Knüppel und Pedale)
fuel	*Kraftstoff* (nicht Treibstoff); bei Flugkörpern: Brennstoff
jet engine	*Strahltriebwerk*
jet turbine engine	*TL-Triebwerk* (TL = Turbinenlader)
landing gear	*Fahrwerk* (nicht Fahrgestell)
landing wheel	*Laufrad*
main landing gear	*Hauptfahrwerk*
nose wheel	*Bugrad*
nose (wheel) gear	*Bugfahrwerk; Bugfahrwerkbein*
pilot	*Flugzeugführer* (bei Luftw.); (nicht Pilot)
power plant	*Triebwerk* (Motor mit Zubehör)
propeller	*Luftschraube* (nicht Propeller)
propeller turbine engine; turbo-prop engine	*PTL-Triebwerk*
ram jet engine	*Staustrahltriebwerk*
RH main landing gear	*rechtes Hauptfahrwerkbein*
runway	*Start- und Landebahn*
safety belt	*Bauchgurt*
shoulder harness	*Schultergurte*
skin	*Behäutung* allgem., *Beplankung*
speed	*Geschwindigkeit* (linear); aber auch: *Drehzahl*
stabilator	*Stabilator* (stabilizer = Höhenflosse + elevator = Höhenruder)
two-engine aircraft	*zweimotoriges Flugzeug;* besser: *Flugzeug mit zwei Triebwerken*

warning light	*Warnleuchte*
(wheel) brake	immer: *Radbremse* (da auch Luftbremsen vorhanden sind, z.B. Klappen, Bremsschirm)
wing	*(Trag)flügel*; (nicht Tragfläche)
wing area	*Tragfläche* (aerodyn. Bezugsfläche)

3.8 Neue Wortschöpfungen

Mit diesen Beispielen möchte ich Sie lediglich darauf hinweisen, was Ihnen begegnen kann. Die Möglichkeiten für derartige Wortschöpfungen sind praktisch unbegrenzt, und sie werden in zunehmendem Maße genutzt.

Carboloy = carbo(n) + (al)loy Kohlenstofflegierung (Metallurgie)
Cascode = casc(ade) + (cath)ode (Fernsehtechnik)
Cermet = cer(amic) + met(al) (Metallurgie)
Compander = com(pressor) + (ex)pander (Fernmeldetechnik)
Computence = compu(tation) + (compe)tence (Computertechnik)
Magamp = mag(netic) + amp(lifier) (Rundfunktechnik)
Magnetron = magne(t) + (elec)tron (Rundfunktechnik)
Muons = + (mes)ons (Nukleartechnik)
Permalloy = perm(eable) + alloy (Metallurgie)
Permafrost = perma(nent) + frost (Geologie)
Pions = + (mes)ons (Nukleartechnik)
Thermistor = therm(al) + (res)istor (Rundfunktechnik)
Transceiver = trans(mitter) + (re)ceiver (Rundfunktechnik)

Schlußbemerkung

Lieber Leser, wenn Sie diese letzten Zeilen lesen, haben Sie mit mir ein riesiges Feld durchschritten, das in dem kleinen Buch nur angeschnitten werden konnte. Was ich Ihnen anbieten konnte, ist keineswegs der Weisheit letzter Schluß, denn ich habe den Stein der Weisen nicht gefunden. Ich habe mich aber bemüht, Ihnen das, was ich mir in langen Jahren in einem mit Begeisterung ausgefüllten Beruf erworben habe, nahezubringen. Ich wünsche Ihnen, daß Sie Ihre Arbeit immer gern tun, und wenn ich helfen durfte, das zu erreichen, habe ich das Buch nicht vergebens geschrieben.

Empfohlene Literatur

Bei den vielen technischen Fachgebieten, in denen ich gearbeitet habe und noch arbeite, ist es fast unmöglich, für alle Richtungen die entsprechende Literatur aufzuzählen. In dieser Hinsicht sind Sie, lieber Leser, besser gestellt als ich, weil Sie nur Literatur für Ihr Fachgebiet benötigen. Allgemeingültig kann ich hierzu folgendes sagen:

Es gibt mit ganz wenigen Ausnahmen für alle Fachgebiete Wörterbücher. Fragen Sie in gut geführten Buchhandlungen nach den jeweiligen Büchern, sehen Sie sich diese gründlich an, ehe Sie kaufen. In Orten mit Fachhochschulen und Technischen Universitäten gibt es spezielle Fachbuchhandlungen, die Ihre Wünsche erfüllen können. Wenn Sie noch nicht sehr erfahren sind, meiden Sie mehrsprachige Wörterbücher, weil diese keine Erläuterungen geben.

Für allgemeine technische Arbeiten aus dem oder ins Englische gebrauche ich nachfolgende Bücher, die ich auch Ihnen neben den Spezialwörterbüchern empfehlen kann.

Wahrig: Deutsches Wörterbuch. Bertelsmann Lexikon-Verlag, Gütersloh.

The American College Dictionary. Random House Inc., New York.

Der kleine Muret-Sanders. 2 Bände. Langenscheidt-Verlag, München.

Oxford-Duden-Bildwörterbuch. Deutsch und Englisch. Bibliographisches Institut, Mannheim.

Louis deVries: Technical and Engineering Dictionary. German - English, English - German. 2 Bände. McGraw-Hill Publishing Co., London.

Rohde/Schwarz (Hrsg.): Lexikon der Elektronik und Elektrotechnik. 2 Bände. Selbstverlag Harry Wernicke, Deisenhofen b. München.

Goedecke, Werner A.: Wörterbuch der Werkstoffprüfung. Deutsch - Englisch - Französisch. 3 Bände. VDI-Verlag, Düsseldorf.

Robert Bosch GmbH (Hrsg.): Kraftfahrtechnisches Taschenbuch. 20. Aufl. VDI-Verlag, Düsseldorf.

Robert Bosch GmbH (Hrsg.): Automotive Handbook. 2nd edition. VDI-Verlag, Düsseldorf.

György L. Szendy: Wörterbuch des Patentwesens. Deutsch - Englisch - Französisch - Spanisch - Russisch. 2. Aufl. VDI-Verlag, Düsseldorf.

IBM Deutschland GmbH (Hrsg.): Fachausdrücke der Informationsverarbeitung. Wörterbuch und Glossar. Englisch - Deutsch, Deutsch - Englisch. IBM Deutschland GmbH, Stuttgart.

Der große Brockhaus. 12 Bände und Ergänzung. 18., neubearbeitete Auflage. Verlag F.A. Brockhaus, Wiesbaden.